U0609837

雷贵生 李首滨 等 编著

神奇的无人化

采煤

煤炭工业出版社
·北京·

图书在版编目（CIP）数据

神奇的无人化采煤/雷贵生等编著 . – –北京:煤炭工业出版社，2019

ISBN 978 – 7 – 5020 – 7261 – 2

Ⅰ.①神…　Ⅱ.①雷…　Ⅲ.①煤矿开采　Ⅳ.①TD82

中国版本图书馆 CIP 数据核字(2019)第 030903 号

神奇的无人化采煤

编　　著	雷贵生　李首滨　等
责任编辑	刘永兴
责任校对	李新荣
封面设计	王　滨

出版发行　煤炭工业出版社（北京市朝阳区芍药居 35 号　100029）
电　　话　010 – 84657898（总编室）　010 – 84657880（读者服务部）
网　　址　www. cciph. com. cn
印　　刷　北京市庆全新光印刷有限公司
经　　销　全国新华书店

开　　本　710mm×1000mm$^1/_{16}$　印张　6$^1/_4$　字数　72 千字
版　　次　2019 年 5 月第 1 版　2019 年 5 月第 1 次印刷
社内编号　20191835　　　　　定价　58.00 元

编委会

煤矿智能化无人开采　颠覆你的想象

由能源资源赋存条件决定，我国是世界上少数几个以煤炭为主体能源的国家。长期以来，尤其是改革开放40年来，在党和政府一系列促进煤炭工业健康发展政策措施的引导下，我国煤炭工业实现了历史性跨越，整体生产力水平大幅提升，取得了举世瞩目的历史性成就。正是稳定安全的煤炭供应，为我国经济社会的平稳较快发展提供了强有力的能源支撑。虽然近些年来太阳能、风能等新能源的崛起，对我国能源消费结构进行了重要补充，但短时间内我国以煤炭为主要能源的格局仍难以改变。

进入新时代，社会的主要矛盾已转化为人们日益增长的美好生活需要和不平衡不充分的发展之间的矛盾。煤炭工业与其他工业一样，都奋进在为提高人民的幸福指数而高质量发展的征程中。当今世界已进入工业4.0时代，互联网、大数据和人工智能技术日新月异，这些技术为煤炭工业安全绿色智能发展插上了高科技的翅膀，成为高质量发展的重要引擎。我国煤机装备制造能力已进入世界前列，先进的大功率采煤机、输送机、大采高电液控制支架、物联网和新型智能传感器等关键技术取得突破，我国煤矿智能化开采技术装备已达国际领先水平。其中广泛开展的智能化无人综采工作面的建设就是其中的典型代表。同时，注重环境保护的生态矿山建设也取得显著成效。随着一座座绿色矿山的不断崛起和一个个智慧煤矿的不断建成，将彻底颠覆人们对煤矿的传统认知。

2014 年 5 月 20 日，陕西陕煤黄陵矿业有限公司一号煤矿成功地在薄煤层工作面实现井下智能化无人连续开采作业，率先实现了矿工在地面采煤的梦想。由此，引领我国煤炭开采技术进入世界先进水平行列！2015 年，《国产装备智能化无人开采技术研究与工程实践》项目获中国煤炭工业协会科学技术奖一等奖。2016 年，国家 863 计划重大项目"煤炭智能化掘采技术与装备"通过科技部验收。2017 年，"煤矿智能开采安全技术与装备研发"作为国家重点研发计划项目专项"公共安全风险防控预警技术装备"的重要组成部分，由多个科研机构和煤炭企业开始合力研发示范，从而将煤炭智能化无人开采技术体系建设得更加完善、更利于造福矿工。但这些煤炭科技发展的新成就却不为社会公众了解，这说明社会大众对煤炭开采技术的巨大进步知之甚少，煤炭行业对相关科技成果科普得不够。

为此，我们编写了这本《神奇的无人化采煤》科普图书，旨在用形象生动的科普语言解析煤矿智能开采的神奇，向更多的社会公众传播煤炭科技进步，智能化、数字化发展的信息。

那么如何对智能化无人采煤进行有效解析和更好的知识传播？第一步，我们先用视频的手段和文字图片与读者分享地面控制一键启停智能采煤的场景，颠覆读者过去脑海中固有的传统煤炭开采的景象，然后再将过去落后的人力采煤、近代机械化采煤、现代综合机械化与自动化采煤技术向读者徐徐展现，让读者体味煤炭开采技术进步的不凡历程；第二步，我们运用通俗易懂、形象生动的科普语言向读者剖析智能化无人开采工作面蕴含的黑科技，充分展示人工智能在地层深处彰显的神奇和威力；第三步，我们向读者展示智能化无人采煤开启的"白领"矿工新时代；第四步，我们运用视频加文字、图片介绍等方式为读者讲述"我国第一个可连续生产的智能化无人开采工作面"诞生的故事。通过这些解读，希望能让读者感受到新时代高科技煤矿的全新风采。在整个创作过程中，我们把与煤炭开采相关的科技知识用通俗易懂、形象生动的文字、图片和视频等形式介绍给读者，从而在普及煤炭科学知识的同时，让安全智慧的煤矿新形象直抵读者心田。

2016 年 12 月，国家发展改革委、国家能源局发布了《煤炭工业发展"十三五"规划》，要求 2020 年建成集约、安全、高效、绿色的现代煤炭工业体系，在煤矿信息化、智能化建设领域取得新进展，建成一批先进高效的智慧煤矿。2017 年，国家发展改革委发布《安全生产"十三五"规划》，要求在矿山领域实施"机械化换人、自动化减人"，推广应用工业机器人、智能装备等，减少危险岗位人员数量和人员操作。因此，做好煤矿智能化无人开采技术的科普工作是促进智慧煤矿建设的重要方面。

国家层面非常重视科普工作。习近平总书记指出，科技创新、科学普及是实现创新发展的两翼，要把科学普及放在与科技创新同等重要的位置。煤炭科普工作也是煤炭行业创新发展不可或缺的重要方面，只有全行业重视煤炭科普，加强煤炭创新成果的普及宣传，才能获取更多的煤炭行业高质量发展的正能量。希望我们创作的这本科普图书，能为煤炭科普事业添砖加瓦，让更多的社会公众了解煤炭开采业的技术进步，树立新时代煤炭行业的新形象。

编　者

2018 年 11 月 28 日于北京

目录

第三篇 "白领"矿工的新时代
New Age of White-collar Miners

第一篇
采煤工作面的昨天和今天
Yesterday and Today of Coal Mining Face

第一篇　采煤工作面的昨天和今天

听说在井下采煤，可以不用人了，我真不敢相信！小火龙，你是煤炭行业的小行家，你说这是真的吗？

小精灵，是真的。在《神奇的煤炭》中你已经感受到了煤炭的好多神奇，这次就向你展示一下无人化采煤的风采！

一、智能化无人开采工作面横空出世

多少年来，人们心目中的煤炭开采，都是矿工要下到地层深处进行艰苦劳作把煤开采出来。而随着煤炭开采技术的不断进步，现在人们坐在宽敞明亮的地面控制室，根据地下采煤工作面传来的一组组数据，一按控制键，就可以把煤采出来。这在我国已经不是神话，而是活生生的现实。

■ 掌控井下煤炭开采的地面监控中心

图 1-1 这张气派的监控中心照片，乍一看，大家一定觉得这个画面很熟悉。对，很像那个多次在央视出现的火箭发射中心的控制大屏。只是这个大屏上显示的不是向宇宙太空发射卫星的动态影像，而是实时显示地下几百米甚至千米以下煤炭开采的动态实际场景。但这个场景一样是数字传输等高科技应用的结果。这个监控中心就是能掌控地下深处采煤生产系统，进行智能化无人采煤的心脏。

图 1-1　中央控制台和监视大屏

该监控中心主要由中央控制台和监视大屏等组成。通过煤矿地下地上的高速工业信息传输网络可直接将井下工作面数据传送到地面监控中心。这些数据包括：采煤机、工作面刮板输送机以及转载机、破碎设备的运行状况和负荷参数，液压支架运行参数，井下泵站启停和运行参数等。这些"应有尽有、层次分明"的数据让操作者"心中有数"，操作人员可在中央控制台自如地操作鼠标启动井下各种生产设备，以保障井下在无人现场操作的情况下，将煤炭开采出来。请看视频 1 "监控中心一键启动"的真实画面。

视频 1　监控中心一键启动

要实现井下无人采煤，准确无误的监测非常重要。监控中心的监测子系统为三维监测子系统，屏幕上展示的是井下工作面的实际生产场景。它通过井下设备的实时运行数据来驱动三维模型动画，给操作者以"身临其境"的感受。监控中心还有视频系统，该系统展示的是工作面实时视频信息，可让操作者直观、实时地掌握工作面运行情况，做到"一目了然"。此外，中央控制台上配备有地面远程操作台，操作人员可以直接在地面进行井下设备的远程控制和全部设备的一键启停。以上信息的集中展示和全部设备的协调控制使得操作人员在进行远程控制时能够真正做到"胸有成竹"。

太神奇了！就像在地面可以操控人造卫星一样能掌控地下深处的采煤生产！

厉害吧？现在煤矿也是高科技应用的重要领域。而要想搞清智能化无人采煤的原理，必须先给你讲讲采煤工作面的概念。

■ 何谓采煤工作面

采煤工作面是井下采煤的第一现场，也就是出煤的地方。大家都知道建地铁必须要在地下挖巷道的道理吧？采煤也是类似的。根据煤炭地质勘探资料确定在地下哪儿有煤后，就开始在这块煤田的四周挖掘巷道。挖掘巷道的工作面就叫作掘进工作面。这条巷道具备探煤、探水、探气等作用，是为采煤做准备的，挖掘的大都为煤田周边的岩石和少部分煤炭。这条准备巷道挖好后，就按照煤田地质图来布置采煤的空间场所，这个用于采煤的空间场所就叫作采煤工作面。

采煤工作面要布置采煤机、液压支架、刮板输送机和转载机等设备。采煤机负责割煤，液压支架负责支护，刮板输送机负责将工作面割下来的煤运送出去，转载机负责煤流方向的改变，以便更加顺利地运至地面。

另外，采煤工作面还有两个巷道，一个为进风巷，另一个为回风巷，以便实现工作面通风，为作业人员提供新鲜空气，避免瓦斯灾害等事故的发生。

■ 采煤工作面上的"大三机"

在采煤工作面布置的采煤机、刮板输送机和液压支架，俗称井下采煤"大三机"。它们是煤炭开采中最重要的设备，并且三者紧密相连，其中采煤机骑坐在刮板输送机上，刮板输送机又和液压支架通过销耳链接。如图1-2所示。

图1-2　采煤工作面上的采煤机、液压支架和刮板输送机示意图

液压支架

采煤机

刮板输送机

小贴士：采煤工作面上的"大三机"

采煤机：采煤机是实现煤矿生产机械化和现代化的重要设备之一。机械化采煤可以减轻采煤工劳动强度、提高开采作业的安全性，提高采煤工效。

刮板输送机：刮板输送机又称工作面输送机，它像农田里灌溉用的链式水车一样将采煤机割下的煤炭及时运送出工作面。

液压支架：液压支架是用来支撑采煤工作面顶板的大型设备，目前一般都为钢结构，有的工作面布置 100 多台液压支架，一字排开，控制着工作面的顶板，防止其下沉和垮落，将工作面支撑得像地下钢铁地宫一样安全。液压支架由液压缸（立柱、千斤顶）、承载结构件（顶梁、掩护梁和底座等）、推移装置、控制系统和其他辅助装置组成。

■ 煤炭开采都有哪些主要技术工艺

煤炭开采是一门科学。一般根据煤层厚度的不同采用不同的采煤工艺。煤层在 1.3 米以下的为薄煤层，1.3~3.5 米的为中厚煤层，3.5~8.0 米的为厚煤层，8 米以上的为特厚煤层。薄煤层储量占我国全部煤炭储量的 20%，厚煤层占我国煤炭产量的 45% 左右。目前，薄煤层和中厚煤层一般采用综合机械化一次性开采，厚煤层开采主要有分层开采、放顶煤开采、大采高一次采全高 3 种采煤工艺。

◆ 分层开采

　　开采厚煤层的技术较为复杂。煤层超过一定厚度，采场空间支护技术、装备会面临很多难题。目前已形成很多开采厚煤层的工艺，分层开采就是其中的一种。即把厚煤层分成若干采高进行分层开采。如何实施？就是先采上面的一层煤，然后再采下面的一层煤，一层层地开采，直至该厚煤层的煤炭被开采完毕。

知识链接：煤层

　　煤炭是层状矿体，也就是说从剖面上来看，是层状结构，中间由岩层隔开。煤层厚度在一定区域内相对稳定，但从大的区域来看，则变化很大。所谓几号煤就是它们的地质编号，大多数情况下，号小的煤层埋藏深度小。关于煤层的命名，一般是国家地质勘探队在做煤田普查的时候，在完成钻探工作，编制勘探报告时，按照大的区域整体命名的，从上到下数字也越来越大。

◆ 放顶煤开采

　　放顶煤开采主要针对厚煤层和特厚煤层的开采。主要是利用矿山压力作用或辅以松动爆破等方法使采场范围内的顶板煤层破碎后冒落，并将冒落顶煤回收的一种采煤方法。放顶煤开采较分层开采节省了一层层的巷道掘进开拓，具有开采成本较低、效率较高的特点，目前已经成为我国厚煤层开采的一种主要开采方式。

◆ 大采高一次采全高开采

　　大采高一次采全高开采工艺主要针对厚煤层和特厚煤层的开采。在一次采全高大采高工作面，采用超高液压支架和大功率、高强度、高可靠性机电一体化设备，一次性将厚煤层全部采出（图1-3）。目前工作面最大采高已经达到8.8米，工作面的设备个个都是"巨无霸"。某大采高工作面年产可达 1550 万吨，每割一刀煤就近 3000 吨，日产量可达 5 万余吨，月产量可达 140 万吨。

图 1-3　一次采全高工作面示意图

煤炭开采还有这么多门道啊！

那当然了。但采煤科技进步的历程是艰辛而漫长的。

二、采煤科技跃升的漫漫长路

我国煤炭资源丰富，储量多，分布广，煤种齐全，是世界上开发利用煤炭最早的国家。煤矿开采，从煤炭赋存的深浅来分，一般分为井工煤矿和露天煤矿。当煤层距离地表较远时，一般选择地下开掘巷道的采煤方式，称之为井工煤矿。当煤层距地表较近时，一般选择直接剥离地表土层挖掘煤炭，称之为露天煤矿。由于煤炭赋存条件所致，我国绝大部分煤矿属于井工煤矿，本书涉及内容主要是井工煤矿。

新中国成立以前的煤炭工业发展比较缓慢，采煤方法落后而危险，在19世纪之前，大部分煤矿都是人畜并用的，19世纪后期井下有了抽水的机器，20世纪30年代应用了割煤机。抗日战争时期，日本侵略者对我国的煤炭资源进行疯狂掠夺；期间，国民政府鼓励私人开办煤矿，解放区也开办了一些小煤矿。到1949年，全国煤炭产量仅3000多万吨。新中国成立后，党和国家十分重视煤炭工业的发展，煤炭科技进步水平不断提升。井工煤矿采煤生产从过去的人力开采也已成长为综合机械化连续开采，而最先进的就是前述的智能化无人开采。

■ 危机四伏的掌子面

我国古代和新中国成立以前的大多数煤矿主要是用手工开采的以及拥有少量机器的小型煤矿，一般称之为"煤窑"，矿工主要是当地的农民。

◆ 古时候的煤炭开采

古时候，矿工在采煤工作面采用的工具都是原始的镐头、箩筐、牲畜、坑木等，手段极其落后，主要是靠人工开采，拿镐挖，用筐驮，在矿井下还用过骡子这种很原始、很落后的方式来运输煤炭。采煤方法非常落后。

这时的采煤工作面也叫掌子面（那时候采煤作业场所很狭小）。那个时候，矿工挖出来的煤要用人畜来拉。没有畜力时，在掌子面高一点的地方两人直起身来用筐抬，低的地方矿工只能弯着腰匍匐着用筐往外背。井下采出的煤炭用辘轳提升到井面，井下排水用人挑或戽斗汲水。而在防治瓦斯爆炸方面，古时候则是用一根长竹筒插入煤层来将瓦斯排出（明末清初宋应星在《天工开物》中的介绍）。如图1-4所示。

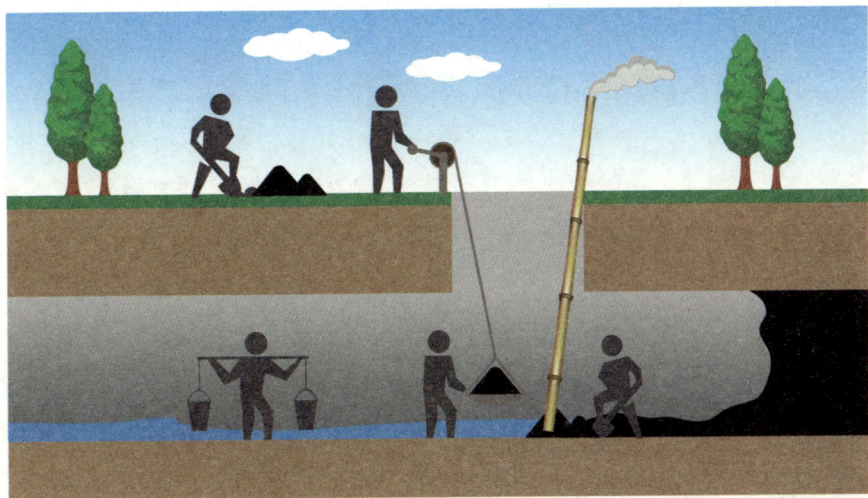

图1-4　古时候人工采挖煤炭示意图

◆ **清朝晚期的煤炭开采**

1876年，主持福州船政局的两江总督沈葆桢在台湾基隆创办中国第一个用机器开采的新式煤矿。该煤矿1878年投产，日产量300吨，主要设备有蒸汽提升机、通风机和抽水机等。

1878年，直隶总督李鸿章委派轮船招商局总办唐廷枢设立官督商办开平煤矿（开平矿务股份有限公司前身），见图1-5。1881年建成唐山矿，以后又建成林西、西山等矿。这时，煤炭开采用上了机器，产量较大提高。当时，那些机器设备主要购自英国。

有了机器助力，一些帝国主义国家相继来华开矿。1898年，清朝铁路督办盛宣怀委派张赞宸创办了萍乡煤矿。1899年，张连芬恢复一度停办的山东枣庄煤矿，取名中兴公司，它是中国人自筹资金开办的生产规模最大的一个近代有机器参与生产的煤矿，年产煤炭100多万吨。1931年，中兴公司从德国购买2台割煤机，在薄煤层中试用，进一步提高了生产能力，日产能力为160吨左右。

说到近代煤矿不得不说说开平煤矿。1900年，英商趁八国联军侵入中国之际骗买了该煤矿。1912年，开平煤矿与开滦煤矿（滦州矿务股份有限公司前身）实行联营，合称开滦煤矿，由中英合办。20世纪30年代开滦煤矿年产煤400万～500万吨，是中国近代最大的煤矿之一，即使在当时也属于世界上比较大的机械开采煤矿。

到1936年，全国年产5万吨以上的煤矿达61个，其中年产60万吨以上的煤矿有8个（开滦、中兴、抚顺等煤矿）。全国原煤产量3900万吨，平均工效是0.3吨/工。

这一时期的采煤工作面虽然配置了一些矿井提升机、通风机和抽排水机等简易的机械设备，但回采工作面的采煤作

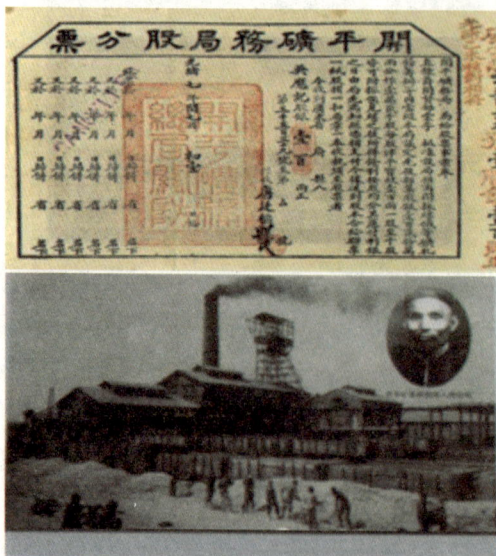

图1-5　清朝开办的开平煤矿
及开平煤矿股票照片

业基本上还是手镐刨煤，巷道运输大多还是依靠人力和畜力。

◆ 抗日战争时期的煤炭开采

抗战时期，日本侵占我国绝大多数煤矿，并进行掠夺性开采。抗战胜利后，国民政府接管了大部分日伪煤矿，但受到政治、军事、经济等形势多变的影响，大量煤矿多次易手，处于停产或半停产状态。直到1947年，我国煤炭产量才超过战前水平，民营煤矿产煤1420万吨，是战前1936年民营煤矿产量的115.6%。

日本侵略时期，疯狂采取以人换煤的策略，根本不把矿工当人。增产主要靠增加劳动力，很少增加机械设备，缺少基本的安全生产设备和措施，煤矿灾害事故严重，矿工伤亡率居高不下。

日本侵略者实在太可恨了！在那个时代的采煤工作面真可谓是原始落后、危机四伏的掌子面啊！

没错儿！新中国成立以后采煤工作面的科技含量就开始逐渐提高了。

■ 机械化武装的工作面

新中国成立以来，党和政府十分重视煤炭工业的发展，建设了大批新矿井，原煤产量快速增长。1996 年原煤产量达 13.3 亿吨，居世界首位。特别是改革开放 40 年来，随着采煤、掘进、运输等生产环节的机械化和生产集中化程度迅速提高，平均单产工效增长较快，创造了许多新的历史纪录。2018 年全国原煤产量已达 35.5 亿吨（2013 年达到峰值 39.74 亿吨）。

> 1996 年 13 亿吨，2013 年竟然达到近 40 亿吨，20 年增长了 3 倍，太惊人了！

> 这主要是机械化的贡献！下面给你科普一下机械化采煤的几个过程。

◆ 炮采

炮采就是人们常常听说的"打眼放炮"采煤方式。其实"炮采"是爆破采煤的简称。其特点是爆破落煤，人工装煤，机械化运煤，用单体支柱支护工作空间顶板。爆破落煤需要用电钻打眼，炮眼深度依顶板状况、顶梁长度和布置方式而定；爆破一般选用煤矿硝铵炸药，电雷管引爆。炮采工作面的工艺示意图如图 1-6 所示。

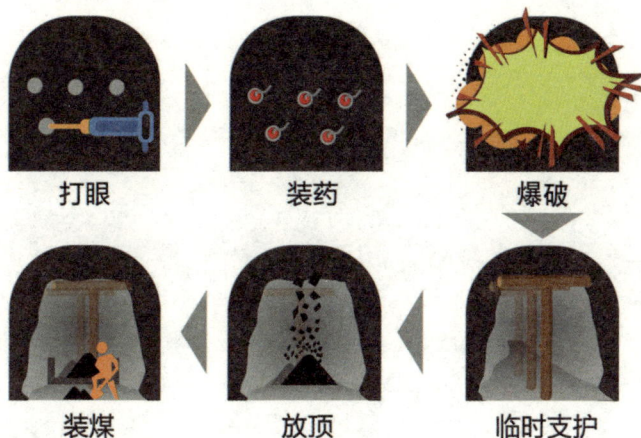

打眼　　　　装药　　　　爆破

装煤　　　　放顶　　　　临时支护

图 1-6　炮采工作面工序示意图

◆ **普通机械化采煤**

　　普通机械化采煤，也简称"普采"，其特点是用采煤机和工作面刮板输送机同时完成采煤和装煤工序，而运煤、顶板支护和采空区处理与炮采基本相同。普通机械化采煤是 20 世纪 60 年代初至 70 年代中期出现的。普采工作面常用的机械采煤装备是单滚筒采煤机或双滚筒采煤机，但这时工作面支护还需人工来完成。普采工作面的几个关键工序见小贴士。

◆ **长壁采煤**

　　长壁采煤法是相对短壁采煤的一种概念。长壁采煤法是在长壁工作面（长壁工作面比短壁工作面要长很多）沿走向方向布置，沿走向推进的一种采煤方法。其采煤工艺包括爆破采煤工艺、普通机械化采煤工艺和综合机械化采煤工艺 3 种方式。长壁采煤工作面的长度在 50 米以上。长壁采煤具备以下特点：回采工作面长，工作面两端可布置供运输、通

15

● 工作面采煤：通过安装在采煤机螺旋滚筒上的截齿，依靠滚筒旋转的线速度截割煤层，将煤从煤壁上开采破落下来。

● 工作面装煤：工作面的装煤过程是通过安装在采煤机滚筒上的螺旋叶片把碎煤沿轴向推至输送机旁，然后利用螺旋叶片端部将煤抛到输送机内。

● 工作面运煤：工作面运煤是通过可弯曲刮板输送机来实现，同时，刮板输送机也作为采煤机运行的导轨，通常采煤机以刮板输送机作为行驶的轨道。

风和行人的巷道；回采工作面向前推进时，支护随之跟进；回采工作面内煤的运输方向与工作面煤壁平行。目前，长壁采煤法仍是我国煤炭开采的一种主要方法。

　　长壁式采煤法是我国在新中国成立之初大力推广的一种采煤工艺，其优点是资源回收率高，开掘的巷道数量较少，对各种煤层赋存条件适应性较广，通风和安全生产条件较好。1951 年，黑龙江省鹤岗煤矿采用冒落长壁采煤法，煤炭采出率达到 66.8%。河南焦作王封矿 1953 年回采工效达到 4.914 吨／工，采出率高达 89.67%，坑木回收率在 90% 左右。1949 年全国煤矿采用长壁式采煤法的占 12.51%，1952 年为 72.47%，到 1957 年，全国国有煤矿以长壁式为主的采煤方法生产的原煤产量占总产量的 92.6% ，同时采区回收率提高到 82.56% 。

■ 现代综合机械化采煤工作面

今天的大中型国有煤矿和地方煤矿，在允许的条件下，大都实现了综合机械化采煤。综合机械化采煤是采煤工作面采煤（破煤）、装煤、运煤、支护、采空区处理及回采巷道运输等全过程的机械化。

综采工作面的主要设备有采煤机、可弯曲刮板输送机、液压支架。刮板输送机除了运送煤之外，还可作为采煤机的运行轨道，液压支架移动的支点。

采煤机和刮板输送机是如何相连的？刮板输送机上有链牵引的拉紧装置或无链牵引的齿轨，用以链接或固定采煤机。同时，刮板输送机还具有清理工作面浮煤，放置电缆、水管、乳化液胶管等多种功能。

20 世纪 70 年代初，我国从国外引进了 43 套综采设备，开始大力发展综合机械化采煤，但是引进初期，综采设备的应用并不顺利。直到 20 世纪 80 年代，在周恩来总理和邓小平同志的关心支持下，加之煤炭系统科技人员和职工的共同努力，才很好地掌握了综合机械化开采技术，从而大大提高了采煤效率。

到了 20 世纪 90 年代，煤炭综合机械化开采技术进入以高产高效为目标的高水平、大发展阶段。1996 年国有重点煤矿有 72 个综合机械化采煤队年产量超过 100 万吨，工作面平均个数达 240 个，平均年产 77.1 万吨，平均回采工效 26.14 吨／工，综采比重占 47.18%。兖州南屯综采队年产达 350 万吨，达到国际先进水平。1999 年，综合机械化采煤产量占国有重点煤矿的 51.7%，较综合机械化开采发展初期的 1975 年，提高了 26 倍。

21 世纪初，针对高端煤矿装备可靠性、寿命与国外先进装备的差距，我国对液压支架采用了三维仿真等现代设计方法，创新焊接技术，研制了高强度、高韧性优质焊接无裂纹结构钢；采煤机研制更加注重了可靠性的要求，采用了变频及记忆截割等技术；刮板输送机向着大运量、软启动（节能的缓和启动）、高强度、重型化、高可靠性方向发展；带式输送机采用动态分析技术。在这个阶段，年产1000万吨的综采设备、采煤机、液压支架和刮板运输机，全部实现了国产化，并达到世界先进水平。

2009年，我国已有10个年产千万吨的综采工作面；而到了2017年，我国已有千万吨煤矿60处，千万吨综采工作面30个。采用综采工艺后，采煤工作面不仅有自动控制的液压支架，还有防尘装置，矿工的工作环境已大大改善，安全生产的保障程度进一步提高（图1-7）。

图1-7 综采工作面

目前，我国煤机装备制造能力已进入世界前列。2017年，大型煤炭企业采煤机械化程度达到97.8%。2018年3月，由郑州煤矿机械集团股份有限公司研发制造，在原神华集团神东矿业公司应用的8.8米电液控制两柱掩护式液压支架联调成功，宣示着世界首台8.8米采高特厚煤层智能综采工作面建成！该工作面煤层采高已经达到8.8米，采煤机机身高度4米多，机身长度近10米，采煤滚筒直径4米多，配套的带式输送机整机重量约220吨。这个采煤机绝对可以称之为"采煤巨无霸"，它一刀割下来就是2800多吨煤，日产5万多吨，原煤月产量可达140万吨，年产1600万吨。

由本书开篇所知，目前我国的综合机械化开采技术已经发展到有人巡视、无人值守的智能化无人综采系统，开创了煤矿智能化无人开采的新时代，由此成为世界先进煤炭开采技术的引领者。

小火龙，我们国家的煤矿已经这么先进了！真没想到啊！也就是说要考察世界领先的煤炭开采技术就不用再出国了？

你才知道啊？下面我将给你解析在井下采煤现场如何不通过人操控采煤机就可以采煤的神奇过程。

第二篇
智能化无人开采工作面的神奇
The Magical Intelligent Unmanned Mining Face

第二篇　智能化无人开采工作面的神奇

　　通过本书视频1介绍，我们了解到智能化综采就是实现远程智能操控。2014年4月，我国陕西陕煤黄陵矿业有限公司一号煤矿综采工作面连续智能化无人操作的安全高效生产。在该矿的地面控制室，只要按下按钮，控制台的屏幕就显示出井下所有设备的状态：带式输送机首先启动；然后，采煤机开始运转；接着，液压支架移动了……最后，煤就自动采出来了。至此，我国煤矿真正实现了井下采煤不用人的历史性突破。

小火龙，到了综采工作面，我就觉得很先进了，为什么还要搞智能化无人开采工作面呢？

从安全和健康角度讲，即使到了综采工作面这个阶段，采煤工还是要下井，仍然存在安全生产和职业健康的隐患。而研发智能化无人开采工作面，不仅大大提高生产效率，还能从根本上解决矿工井下采煤安全和职业健康问题，并且这是新一轮工业革命的方向。下面我就将智能化无人开采工作面蕴含的黑科技一一展示给你。

一、采煤自动化　有记忆的采煤机

■ 采煤机是如何工作的

要实现智能化无人开采，采煤机是一个至关重要的设备。

首先我们要搞懂采煤机是怎么工作的？采煤机在前后分别安装了两个可以上下运动的摇臂，并且在摇臂上各安装一个滚筒，滚筒上面还安装了很多截齿。这样，通过电机驱动采煤机的滚筒，在旋转中滚筒上的截齿就可以把煤切割后落下。同时，滚筒上的截齿又是按照一定角度分布的，这样，割下来的煤就可以直接垮落在刮板输送机上，由它把煤再运送至地面煤仓。

采煤机上的两个滚筒，一个负责截割工作面顶板煤，另一个负责截割工作面底板煤，也叫前后滚筒（也可以叫上下滚筒）。因此双滚筒采煤机沿工作面牵引一次，可以进一刀；返回时又可以进一刀，即采煤机往返一次进二刀，这种采煤法称为双向采煤法。并且，为了刮板输送机推运煤，滚筒的旋转方向与滚筒的螺旋线方向是一致的，如图2-1所示。

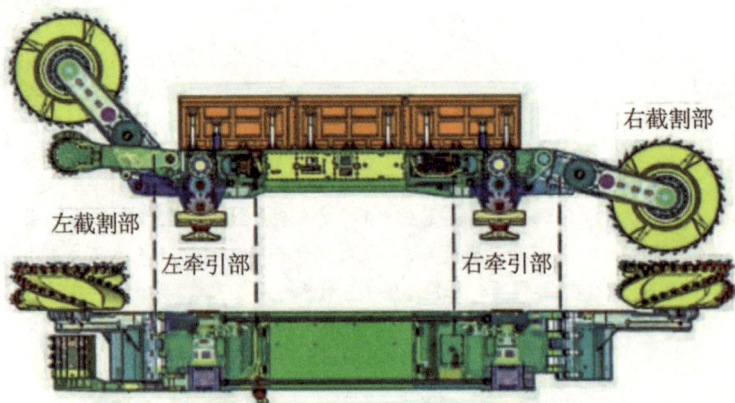

图2-1　采煤机工作示意图

采煤机割煤时的前后滚筒要同时进行割煤作业。井下煤层是经过数千万年乃至数亿年形成的，煤层高度不断变化。因此，在割煤过程中，采煤机操作工需要按照不断变化的煤层厚度来回来去地忙着调整采煤机前后滚筒高度，尽量减少由于割煤误差遗散在采空区的煤，从而有效提高煤的采出率。过去，都是采煤机司机来控制设备进行生产作业。随着信息化技术的不断进步，使得采煤机自动化、无人操作有了可能。为了实现智能化无人采煤，需要精确控制滚筒割煤高度。为此，在采煤机摇臂上安装了高精度传感器，或倾角传感器、行程传感器等，以达到有效控制采煤机滚筒升降高度的目的。

采煤机在割煤时会产生大量粉尘，这不但会危及矿工健康，而且还会有粉尘爆炸的危险。因此，即使是智能化无人开采，也要在采煤机滚筒上配置大量喷头。割煤时，这些喷头会按照一定的角度进行喷水降尘，以降低工作面的粉尘浓度。同时，为避免割煤时的矿压、瓦斯等灾害，如今智能化无人开采工作面的采煤机还安装了环境感知系统（即在采煤机割煤过程中能对采场周围瓦斯、粉尘和矿压有所感应的传感器），从而保障智能化无人开采体系的安全生产。

■ 记忆切割　实现无人采煤

要实现采煤机的自动割煤，仅仅能有效控制采煤机滚筒的升降高度还远远不够。在采煤工作面，采煤机与液压支架、刮板输送机智能化作业的有机配合是实现不用人工自动割煤的关键。

◆ 液压支架和采煤机协同作业

采煤机由行走部、驱动部、切割部等部分组成，同时是骑坐在有齿轨的刮板输送机上的。采煤机通过电机驱动在刮板输送机上行走，以实现它在工作面的前后移动。在移动过程中，由旋转牵引链轮带动一个滚筒旋转。滚筒上安装有很多磁珠，每当走过一个齿轨，滚筒就会转动一个磁珠，此时也会产生一个脉冲电平信号，通过对脉冲信号计数，可以计算出采煤机在齿轨上行走的距离，从而计算出采煤机在工作面的具体位置，实现对其位置的精确定位。

　　要在地面实时监控采煤机的割煤状况，必须要有信号传输。在采煤机上安装了红外线发射装置，并且在液压支架上安装了红外线接收装置。当采煤机运行时，采煤机上的红外发射装置发出红外线，液压支架上的红外接收装置接收到红外信号，通过计算可以得出采煤机所在工作面液压支架的位置。通过电磁阀控制液压支架液压油缸，使得液压支架像采煤机不可或缺的腿一样和采煤机协同作业。如图 2-2 所示。

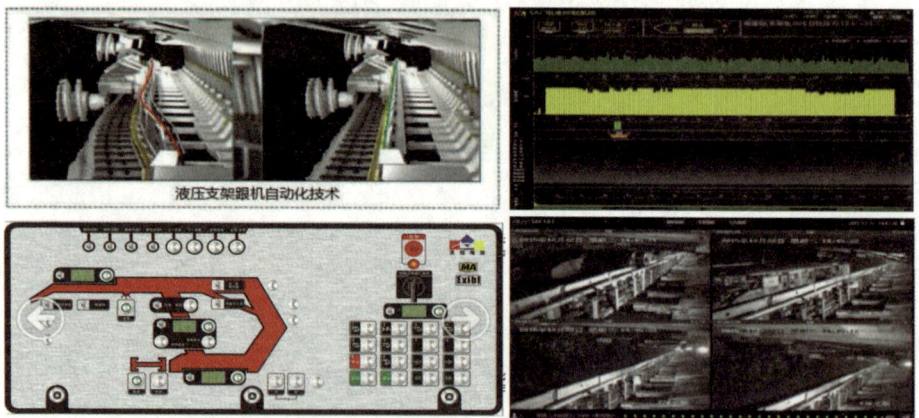

图 2-2　采煤机与液压支架协同作业三维示意图

◆ 采煤机进行记忆割煤的真相

　　目前，采煤机实现自动割煤是通过记忆割煤的形式实现的。

通过在采煤机上安装比例阀可以有效提高采煤机摇臂的控制精度，通过在摇臂油缸上安装行程传感器和倾角传感器，可以有效控制摇臂升降高低，进而监测采煤机割煤高度。

采煤机沿工作面完成一次割煤称为采煤机割一刀煤。采煤机司机在人工操作割煤时，采煤机通过计算机控制系统将每一位置的采煤机滚筒摇臂传感器数据记录下来；在下一刀割煤时，采用记忆下来的传感器数据来控制采煤机前后滚筒在每一位置的高度，从而实现采煤机记忆自动截割，达到采煤机采煤自动化控制。如图2-3所示。

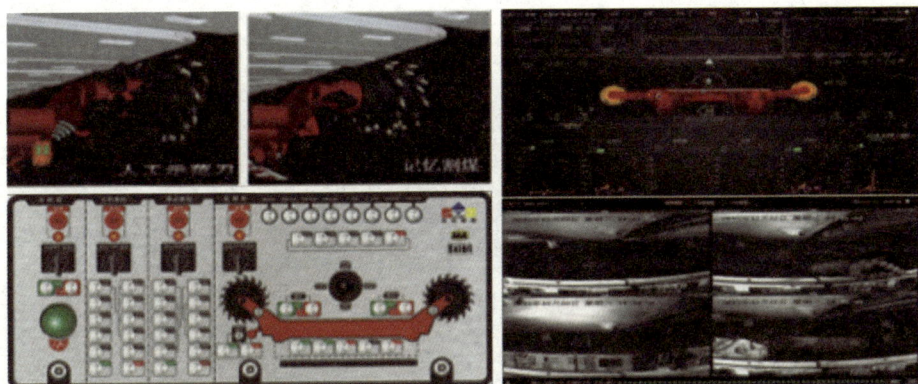

图2-3　采煤机记忆割煤示意图

要达到安全高效的智能化无人开采，采煤机还要对连续生产中的环境有很好的感知。

采煤机割煤使得煤块的暴露面积增加，煤层裂隙压力释放，使得瓦斯浓度随之增加。一般情况下，在工作面通风条件不变的情况下，采煤机割煤速度越快，工作面瓦斯聚集的浓度越大。为保证工作面生产的安全，防止瓦斯爆炸，在工作面瓦斯浓度较高的地点——上隅角及采煤机机身上都安装了瓦斯传感器，将工作面瓦斯浓度信息报送给采煤机控制系统。采煤机的控制系统设置了瓦斯浓度的上限值和下限值，当工作面瓦斯浓度超过上限值时，采煤机可自动减速，甚至停止割煤，以保证工作面瓦斯浓度安全可控。当工作面瓦斯浓度小于下限值时，可以自动提高采煤机割煤速度，增大出煤量，提升工作面产量，最大限度地提高工作面的生产能力，从而实现高瓦斯工作面自动化的安全高效生产。

所以，实现智能化无人开采的采煤机就像一个有记忆、会思考的机器人，它脚踩风火轮，手握乾坤圈（滚筒），双臂（摇臂）一挥，"煤"飞色舞，前面割顶煤，后面割底煤，两眼圆睁（机载视频），口吐喷泉（滚筒喷水），见图 2-4。

图 2-4　实施无人采煤的采煤机器人

二、支护自动化　及时可靠的保护伞

在煤矿井下的采煤工作面，如果没有顶板保护根本就不能实现安全采煤。因此液压支架的作用非常重要，它们每天在井下就像一列列支护机器人，迈着铿锵有力的步伐，上托顶下托底，像流动的保护伞一样为采煤工作面提供安全可靠的作业空间。同时，液压支架还和采煤机、刮板输送机有效衔接，随着采场的迁移而及时移动。

■ 支撑顶底板　无人采煤保护伞

采场最大的直接威胁是顶板，如果没有有效的支护，随时会有顶板冒落的危险，这样就不可能进行设备的布置和有效的采煤作业。而目前支撑顶板的最好武器就是液压支架。

液压支架在采煤生产中是如何发挥作用的呢？割煤前，液压支架要在采煤机滚筒前方的煤壁处进行有效支护（这时的支架护帮呈打开状态）；在割煤作业进行中，采煤机前滚筒处液压支架的护帮板和前梁要收回来，以防采煤机割煤时碰撞，造成设备损坏；在采煤机割煤完毕的地方，又出现新的悬空，这时液压支架需要及时支撑过去，快速实现对悬空处进行支护（这时的支架护帮又呈打开状态）。如图2-5所示。

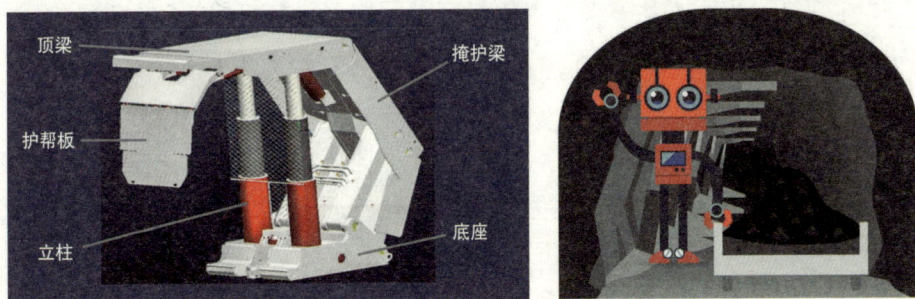

图2-5　液压支架

液压支架对工作面顶板支撑的动作，俗称为"升架"。这是如何做到的呢？这是因为在液压支架立柱下腔处安装有压力传感器，可以

29

有效控制液压支架升架时的压力，这样就可保证对工作面顶板的有效支撑。

■ 掏机窝　切割三角煤

采场的"大三机"是一个整体。采煤机割煤速度受到液压支架跟机速度和刮板输送机运输能力的约束，而液压支架的跟机速度还要受到泵站供液能力的约束。

采煤工作面的采煤是一个连续的生产过程，采场需要不断更新，这就需要液压支架不断进行移架来完成。如何进行移架？一个采场的煤炭采完后，液压支架先把顶梁降下来，即先脱离开顶板，然后通过收回推移油缸，使液压支架被连拉带拽移向煤壁方向，到达新的采场，这时液压支架顶梁升起，即再升架，使得被采煤机割煤后新暴露的顶板得到有效支撑。同时，通过液压支架与刮板输送机连接的销耳，发挥液压支架千斤顶的作用将采煤机推到新的割煤空间，即完成了刮板输送机的推溜动作，但同时留下了"三角煤"。

在这个过程中，井下采煤工作面可以不用人干预吗？答案是肯定的。因为液压支架在推移的千斤顶上安装了行程传感器，可以有效控制并记录液压支架的推移行程。这些行程信息信号被及时传回地面控制室，由监控中心来全权指挥。

这里还有两个很有意思的采煤工序，一个是"掏机窝"，另一个是割"三角煤"。采煤机割煤割到端头时，通过上述的推溜动作会将采煤机嵌入到新的割煤空间中，俗称"掏机窝"，在这个推移过程中就留下了"三角煤"，只有采完"三角煤"后再回刀，才能完成一个完整的采煤工艺。什么是"掏机窝"见"小贴士"，而如何开采"三角煤"？请看图2-6。

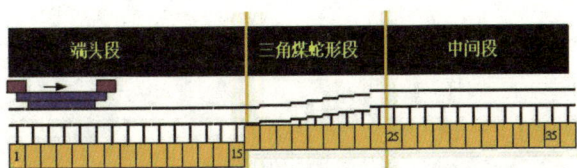

(a) 推溜形成弯曲段

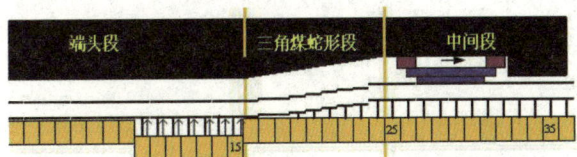

(b) 斜切进刀

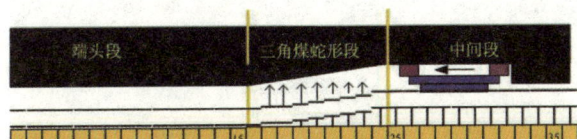

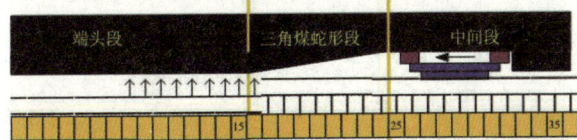

(c) 回刀

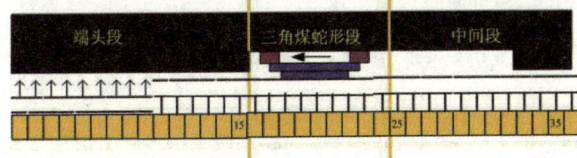

(d) 返刀

在采煤机向下（上）割透端头煤壁后，自上（下）而下（上）推移刮板输送机，使得刮板输送机形成弯曲段，将采煤机前后滚筒上下位置调换，向上（下）进刀，如图2-6a所示；采煤机通过弯曲段后，采煤机达到正常截割深度，完成斜切进刀，如图2-6b所示；而后将刮板输送机推至平直，将采煤机前后滚筒上下位置调换，向下（上）割三角煤至割透端头煤壁，完成回刀控制，如图2-6c所示；将采煤机前后滚筒上下位置调换，采煤机返刀割煤，如图2-6d所示。

在实施无人开采时，液压支架跟机推溜是一个比较关键的环节。所以在此更详细地介绍一下。

图2-6 液压支架跟机自动控制工艺俯视示意图（采"三角煤"工艺示意图）

小贴士：掏机窝

　　采煤机截割煤壁到工作面端头后，需要换向准备进行下一刀割煤，此时需要将刮板输送机溜子推成弯曲形状，使采煤机在换向返刀割煤过程中，逐步嵌入到煤层中。当完成截深时，刮板输送机被推成同样的割煤步距，这样采煤机就逐步完整地嵌入到煤层中。如此，就像给采煤机机身掏了一个窝一样，然后采煤机换向返刀，端头形状貌似三角的煤截割完毕后，再换向返刀，开始下一刀割煤。

　　智能化无人开采工作面在每台液压支架上都安装了一个带有电脑控制的支架控制器，支架控制器内置控制电路、驱动电路、通信电路、人机交互电路等。这种支架控制器使得支架与支架之间可以进行方便的数据通信。

　　有了数据通信，就可将支架的动作控制命令传送到指定的支架上去，接收到控制命令的支架控制器可将命令解析，通过驱动电路将信号传导到打开指定的电磁先导阀上，再通过主阀控制油缸的动作，就可以根据采煤机的位置，自动发出液压支架护帮板收回、移架和推溜等动作命令，刮板输送机继而一起移动。

　　同时，液压支架在跟机推溜过程中还可以进行刮板输送机直线度的自动控制，以保证采煤机自动割煤的质量。并且通过液压支架的跟机推溜动作，还可以把机道上的煤炭装载到刮板输送机上，让井下人工装运煤炭成为历史。

■ 神奇的电液控制系统

液压支架之所以能够自动化控制，缘于它有一个神奇的电液控制系统。

这个电液控制系统首先可以将操作人员的按钮或远程传输过来的控制命令转换为控制支架动作的指令，并通过支架控制器驱动电路打开相应的电磁铁；然后在电磁铁上电后启动电磁力推动电磁铁顶杆运动，以顶开先导阀阀芯，让其产生液压信号；该电信号转换成液压信号后，再推动主阀控制液压油缸动作，就可以实现液压支架电液控制的自动化。

这个电液自动控制系统可实现井下液压支架运行的实时监测、位姿监测、压力监测、推移行程监测等功能，进而实现工作面支架与巷道支护联动控制的目标。见图 2-7。

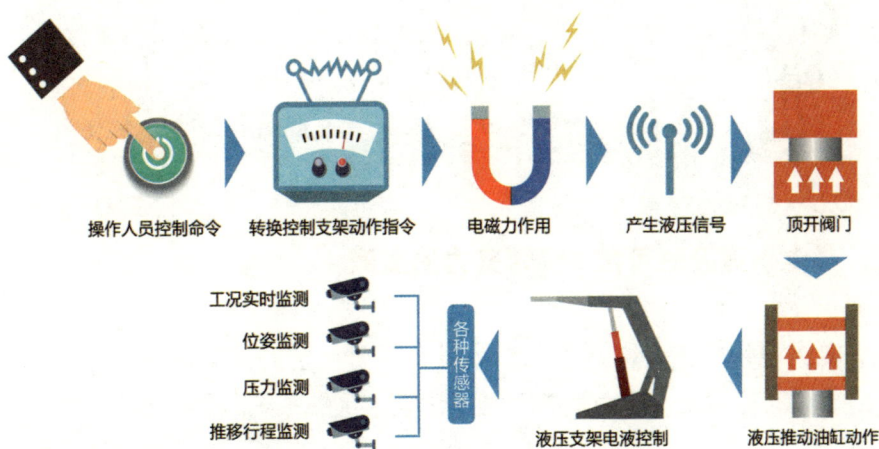

操作人员控制命令　转换控制支架动作指令　电磁力作用　产生液压信号　顶开阀门

工况实时监测
位姿监测
压力监测
推移行程监测
各种传感器
液压支架电液控制
液压推动油缸动作

图 2-7　液压支架智能动作示意图

知识链接：电磁先导阀、主阀

　　电磁先导阀：电磁先导阀是实现液压支架自动控制的关键元件。电磁先导阀有电磁铁和先导阀组成，是电液信号转换元件，通过它可以把电信号转换成液压信号。电磁铁在通电后，其线圈产生电磁力并推动电磁铁顶杆顶开先导阀阀芯，打开先导阀，从而将电信号转换成液压信号。

　　主阀：主阀是液压支架核心控制部件，在综采工作面它可以将电磁先导阀的液压信号放大，控制液压油缸的动作，从而实现液压支架的动作控制。

> 这"三大机"在实施无人采煤时配合得还很默契啊！

> 那当然。而及时可控的供电供液也是无人采煤工作面一刻也不可缺少的。

三、供电供液及时可控　喷薄有力的血液

　　要实现智能化无人开采，如果没有及时可控的供电供液系统，就等于缺少流动的血液一样而使整个智能化无人采煤系统陷入瘫痪。

■ 供电软启动　系统稳定效能高

　　智能化无人开采工作面的供电系统采用了软启动技术，不仅提高了工作面效能，还可保证供电网络的稳定，提高用电效率。

在最初实施综采的时候，工作面供电系统的电压等级较低，一般为660伏、1140伏，一般采用多机驱动的方式。而现在的自动化综采工作面上的设备的负载较大，启动频繁且多为带载启动等，如果再采用多机驱动的方式，不仅启动困难，对刮板输送机冲击也很大，并容易导致各电机负载失衡、震荡。

另一方面，在刮板输送机等大型设备启动时，需要消耗很大的电流，也会对电网产生巨大冲击，造成电网电压降低，最大时电网电压降到了80%以下，将导致整个用电系统稳定性差、可靠性低。这也是以往井下生产经常被中断的原因。

因此，智能化无人开采工作面的供电系统提高了电压等级，一般为3300伏，使得供电系统的能力大大提升。同时用电设备也采用软启动、柔性连接等技术措施，很好地改善了用电设备启停的性能，也减少了设备启停对电网的冲击，提升了供电系统的稳定性和可靠性。

知识链接：综采工作面现有供电系统常用的软启动技术方案

实际生产中，可选择图2-8中3种方案中一种即可，目前选择最多的是第三种方案，即调压调频启动（也叫变频启动）。

采煤工作面供电系统是如何工作的？这个供电系统由井下变电站供电，并能连续监测电力系统运行状态和参数，及时发现用电故障，以防止事故扩大、缩短停电时间；从而可以合理调配电力负荷，提高电网运行质量，减轻电费支出。

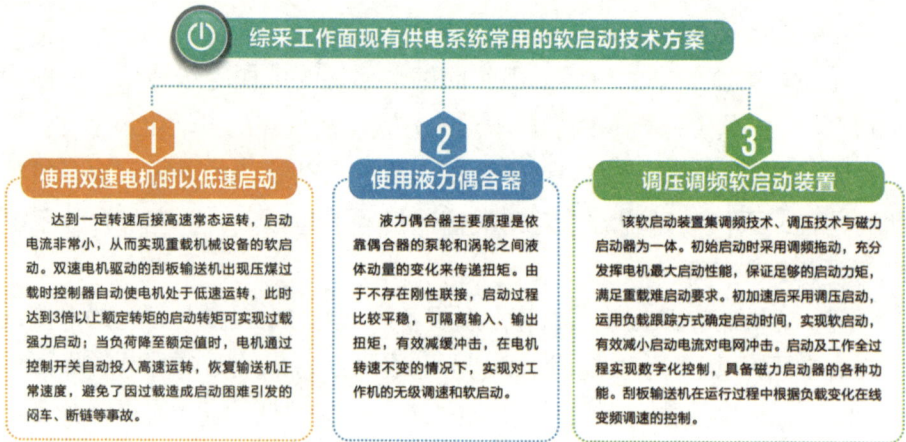

综采工作面现有供电系统常用的软启动技术方案

1 使用双速电机时以低速启动

达到一定转速后接高速常态运转，启动电流非常小，从而实现重载机械设备的软启动。双速电机驱动的刮板输送机出现压煤过载时控制器自动使电机处于低速运转，此时达到3倍以上额定转矩的启动转矩可实现过载强力启动；当负荷降至额定值时，电机通过控制开关自动投入高速运转，恢复输送机正常速度，避免了因过载造成启动困难引发的闷车、断链等事故。

2 使用液力偶合器

液力偶合器主要原理是依靠偶合器的泵轮和涡轮之间液体动量的变化来传递扭矩。由于不存在刚性联接，启动过程比较平稳，可隔离输入、输出扭矩，有效减缓冲击，在电机转速不变的情况下，实现对工作机的无级调速和软启动。

3 调压调频软启动装置

该软启动装置集调频技术、调压技术与磁力启动器为一体。初始启动时采用调频拖动，充分发挥电机最大启动性能，保证足够的启动力矩，满足重载难启动要求。初加速后采用调压启动，运用负载跟踪方式确定启动时间，实现软启动，有效减小启动电流对电网冲击。启动及工作全过程实现数字化控制，具备磁力启动器的各种功能。刮板输送机在运行过程中根据负载变化在线变频调速的控制。

图2-8 井下综采工作面软启动的技术方案

图2-9 井下无人值守变电所

井下智能化无人开采工作面的供电系统由移动变电站、组合开关、变频器、高低压隔爆开关等组成。目前井下变电站已经实现无人值守，所有供电需求都可由地面监控中心操控，见图2-9。

■ 供液集成化 多泵联锁反应快

◆ 娇贵的乳化液

采煤工作面液压支架及其液压阀等用液设备都需要高质量液体的连续供应。这些设备及其配件都是金属制造的，为了防止腐蚀、延长寿命，提供的液体为乳化液。这个乳化液的形态其实就是"油包水"。

如何制备"油包水"？就是在供液的水中兑入3%~5%的乳化油，使乳化油包裹在水的表面。但由于乳化油可能会与水中的矿物质发生化学反应，从而产生一种黄色胶状物质粘附在用液设备上造成堵塞，影响设备功能的发挥，所以乳化液必须用软化水来制备。因此，供液系统包含了水处理、乳化液浓度配比、泵站供液、过滤等多个环节，一般叫作集成供液系统，见图2-10。

图2-10　智能化无人开采工作面集成供液系统

在供液的所有设备中，液压支架是最重要的供液对象。自从液压支架改为电液控制后，电液换向阀的过液孔比手动阀（3.8毫米）要小很多，很容易被堵塞（俗话说电液阀是吃细粮的，手动阀是吃粗粮的），因此对液压支架供液系统的供液质量要求就更高，进而对制备液压支架的乳化液要求也很高，具体见知识链接。

知识链接：液压支架乳化液制备

乳化液是通过在软化过的水中加入乳化油混合搅拌而成，而不同区域的软化水具有不同的酸碱度，乳化液的pH值在8.7和9.2之间为宜，小于8时会助长细菌繁殖，破坏乳化液的平衡，造成乳化液稳定性、防锈性的下降。因此，需要先对矿用水进行软化处理。当乳化液中的杂质增加到一定程度时会出现酸蚀，乳化液变臭，因此，还需要对水中的杂质进行过滤，采用进水过滤站进行过滤。

这个集成供液系统包含很多技术环节，可实现高压、大流量、高品质的供液，从而为工作面各液压装备提供了源源不断的液体动力保障。示意图见图2-11。

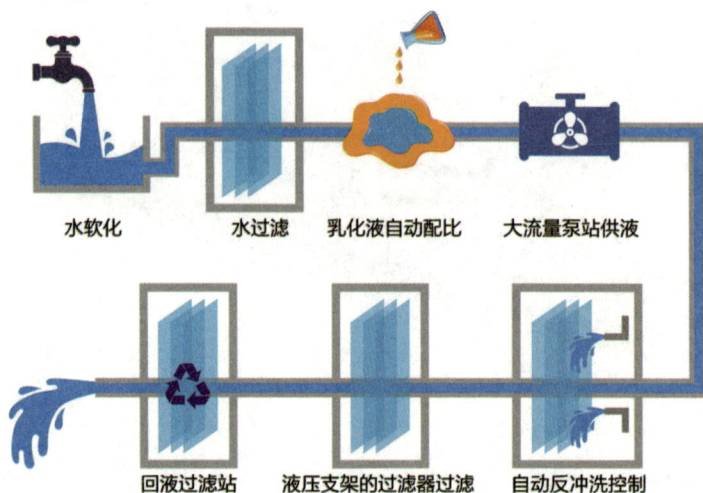

图 2-11　电液控制系统水软化、过滤过程

◆ 可以联锁启停、自动控制的供液泵站

目前泵站控制系统采用变频控制技术，既节能又能保证泵站供液稳定，并可以按照工作面用液需求确定启动泵的数量，实现多泵联锁控制功能。比如，液压支架的供液系统已实现一键启停控制，并可根据工作面割煤速度实现多级泵站的自动联锁启停控制，从而为智能化无人开采工作面的自动化割煤跟机控制提供了有效保障。

泵站控制系统还具有爆管检测等故障报警与控制功能。工作面供液包括用于除尘的水和用于设备动力源的乳化液。因此，配置有喷雾泵站和乳化液泵站，一般情况下有多台泵站进行供液，有6泵3箱、4泵2箱和3泵2箱等多种工作面供液系统配套方案满足不同工作面设备用液需求。

因此，供电供液系统对智能化无人开采工作面非常重要，就像一个人只有通过充盈健康的血液流通才能活动自如一样。集成化、智能化的供电供液系统为采煤工作面提供了喷薄有力的血液，并通过泵站使其有足够的、持续的动力，来维持智能化无人开采生产系统的正常运转。见图2-12。

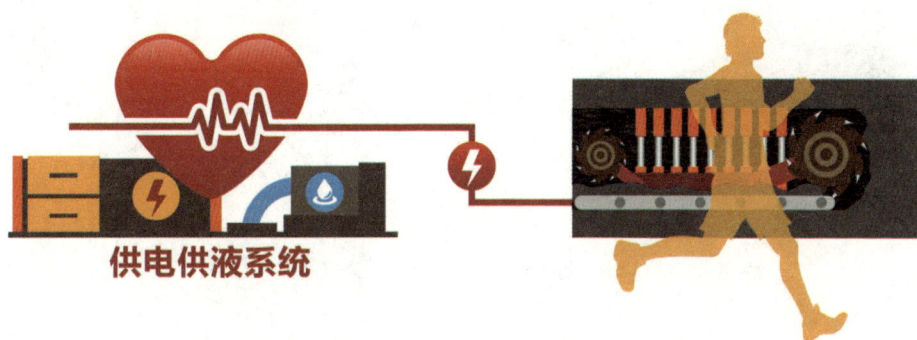

图 2-12　智能化无人开采供电供液系统工作示意图

小火龙，这个比喻很形象，供电供液确实就像给智能化无人开采工作面提供血液一样重要。

还有更神奇的像长了千里眼的远程监控系统呢！

四、监控远程化 智慧大脑、神奇的千里眼

监控中心其实就是智能化无人开采工作面的智慧大脑和千里眼，如图2-13所示。

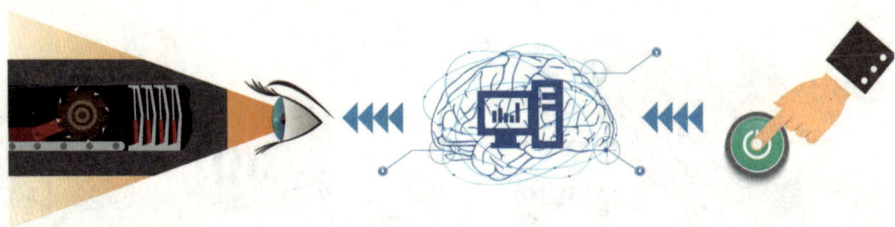

图2-13 监控中心 —— 智慧大脑、千里眼

■ 神奇的千里眼

通过在工作面安装摄像仪，可把工作面视频监视信息传送到地面调度室，进而监视工作面设备的运行状态。也就是说，把远程操作人员的视觉延伸到了工作面。同时，监控中心还将井下工作面设备运行状态、工况、传感器数据等传送到地面监控室，从而实现对工作面设备运行状态进行在线监测。

在采煤机的机头位置安装有视频摄像仪，采煤机割煤实际场景就可通过摄像仪进行实时视频监视，让远在地面的操作人员能身临其境地直接观察到工作面采煤机割煤情况。

在刮板输送机轨道上行走的采煤机，安装上高精度三维陀螺仪，就可检测采煤机运行过程中的位置以及行走姿态，进而描绘出采煤机的行走轨迹（也是刮板输送机的行走姿态），这些信息传导至地面监控中心后，

又被发送到液压支架电液控制系统。电液控制系统再根据设定好的行程数值自动进行调整，从而使刮板输送机的直线度得以保证，也就使得采煤机截割煤壁平直，保证了采煤机割煤的工程质量。

　　因此，通过地面调度室设置的远程操控台，可以进行地面和工作面高速通信，并在远程操控台上直接对井下工作面设备进行远程控制。从而使得采煤工人不用下井，在地面就可以直接操控井下设备。监控主要画面如图2-14所示。

　　远程集中控制具有一键启停控制功能，即在地面调度室的远程操作台上，按下启动键，就可以使得供电系统上电：采煤机上电，刮板输送机上电，转载机上电，破碎机上电，带式输送机上电，液压支架电液控制系统上电，集成供液系统上电。

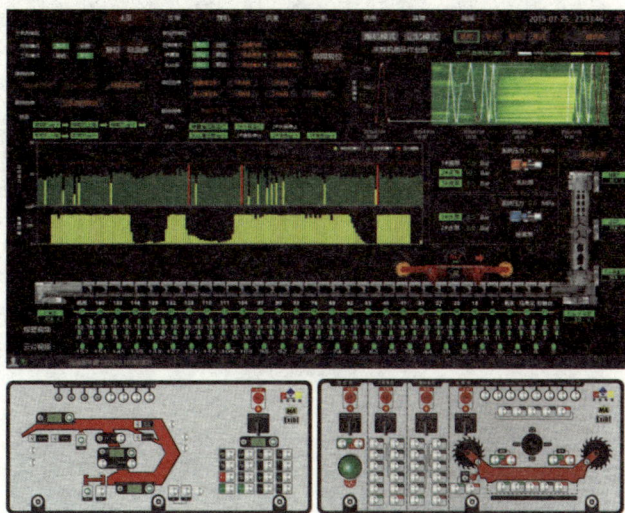

图2-14　主要监控画面

于是，带式输送机启动，破碎机、转载机、刮板输送机也按顺序启动，泵站供液系统启动，采煤机进入自动化割煤模式，液压支架电液控制系统进入自动跟机模式。采煤机开始自动割煤，液压支架自动跟机，井下工作面就进入无人生产状态。

　　随着采煤机割煤，监控中心可以跟随采煤机位置自动切换视频监视画面，监视采煤机割煤、液压支架自动跟机场景，监视带式输送机上的煤流情况等。还可以通过构建的工作面三维模型场景，动态显示有工作面运行数据支撑的三维模拟画面。有了这个工作面三维虚拟现实监视系统，操作人员可以在任何视角下观察工作面 3D 生产动态场景，如同地面上的操作员"长了千里眼"，可以准确进行采煤等操作。如图 2-15 所示。

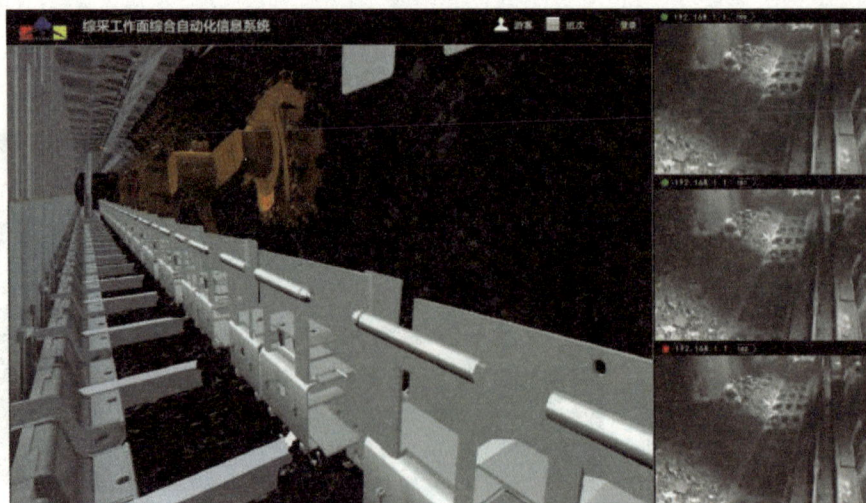

图 2-15　采煤机自动切割示意图

■ 充满神经元的智慧大脑

　　煤炭综采工作面不仅有"大三机"：采煤机、液压支架、刮板输送机，还有"小三机"：转载机、破碎机、带式输送机，同时还有供电供液系统等。监控中心所要监控的主要设备如图 2-16 所示。

　　要实现智能化无人采煤，在工作面各设备上安装视频摄影仪还远远不够。智能化是体现在对采煤现场的智慧判断上。如何判断？人有大脑，智能无人采煤体系一样也有自己的大脑，这个大脑就是监控中心。

那么人的大脑有很多神经元,这个大脑有神经元吗?当然有,而且布满了整个井下采煤工作面,它们就是安装在各个设备上的传感器。这些传感器各自传输的数据通过工作面的综合接入器,构建了一个以现场总线、以太网、无线网汇入的千兆工业以太网高速信息传输通道。这个通道将工作面设备、视频信息轻松传送到顺槽监控中心和地面监控中心,实现工作面设备工况信息、视频监视信息的汇集处理。详情如图2-16所示。

刮板输送机　　转载破碎机　　带式输送机

采煤机　　　　　　　　　　　　组合开关

液压支架　　　　　　　　　　　　泵站

图2-16　监控中心及所要控制的井下主要装备

这是如何做到的呢?第一步,要对所采煤层进行地质探测,得到精准的开采数据存入监控中心这颗智慧大脑;第二步,通过先进的信息化技术,利用井下众多的"神经元"对井下工作面的每台设备进行精准定位,并构建出三维模型,以此来描绘整个采场生产过程,让整个生产过程透明化。

在这个过程中，要使用三维激光扫描技术，精确测量出采场空间轮廓，通过超宽带（UWB）定位技术和短距离易修复的 ZigBee 技术，实现工作面设备和人员的精确定位。同时，要通过倾角传感器得到工作面液压支架、采煤机的位姿状况；通过高度传感器得到工作面采高数据；通过在采煤机上安装陀螺仪构建惯性导航系统，来精准描绘采煤机的运行轨迹，描绘出刮板输送机的位姿状态。如图 2-17 所示。

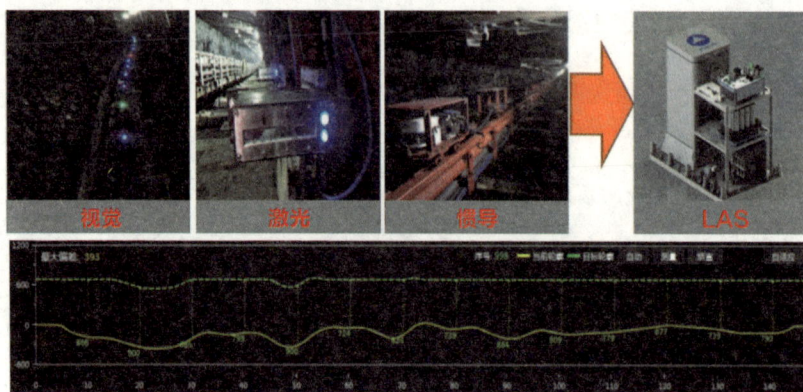

图 2-17　自动描绘采煤机、刮板输送机运行轨迹和运行姿态

知识链接：UWB 技术、ZigBee 技术

UWB 技术：UWB（Ultra Wideband）是一种无载波通信技术，利用微秒至纳秒级的非正弦波窄脉冲传输数据，采用时间间隔极短（小于 1 纳秒）的脉冲进行通信的方式，定位精度小于 30 厘米，单基站覆盖半径可达百米。

ZigBee 技术：ZigBee 是基于 IEEE 802.15.4 标准的低功耗局域网协议。国际标准规定，ZigBee 技术是一种短距离、低功耗的无线通信技术。这一名称（又称紫蜂协议）来源于蜜蜂的八字舞，由于蜜蜂（Bee）是靠飞翔和"嗡嗡"（Zig）地抖动翅膀的"舞蹈"来与同伴传递花粉所在方位信息，也就是说蜜蜂依靠这样的方式构成了群体中的通信网络。其特点是近距离、低复杂度、自组织、低功耗、低数据速率。ZigBee 就是一种低成本的、低功耗的近距离无线组网通信技术。ZigBee 可以用来实现短距离精确定位。

另外，通过瓦斯、粉尘、风速、温度、湿度传感器这些感知环境的"神经元"，让监控中心这颗大脑能了解到工作面安全生产和采煤作业的环境参数，再通过三维可视化手段就可以形象地描绘出工作面的生产环境、生产状况，以保障安全高效生产。

这样，地面监控中心就像长了一颗充满智慧的大脑一样，使得监控中心这颗大脑在汇集这些信息基础上，通过计算机处理得出采煤系统均衡化、最大化的数据，构建起科学的采煤工作面装备体系。同时，可根据采煤工作面实时的地质条件和设备运行状况，自动调节控制，从而实现工作面智能化无人开采（视频 2 "工作面智能无人开采"）。

视频 2 工作面智能无人开采

■ 井下无人操控的输煤系统

智能开采离不开智慧的输煤系统。

非常高兴地告诉大家，目前在智慧煤矿，井下运煤相关的带式输送机、刮板输送机、转载机、破碎机等相关设备，在地面监控中心智慧大脑的指挥下，已实现无人操控自动输煤。因为该输煤系统不仅可以实现相关信息汇集和集中监控，还可实现按逻辑顺序控制的启停自动化。

这个输煤系统的逻辑顺序是：逆煤流启动，顺煤流停止。启动顺序为：带式输送机、破碎机、转载机、刮板输送机依次启动。停机顺序为：刮板输送机、转载机、破碎机、带式输送机。这个科学的逻辑顺序有效防止了工作面堆煤现象的发生。如图2-18所示。

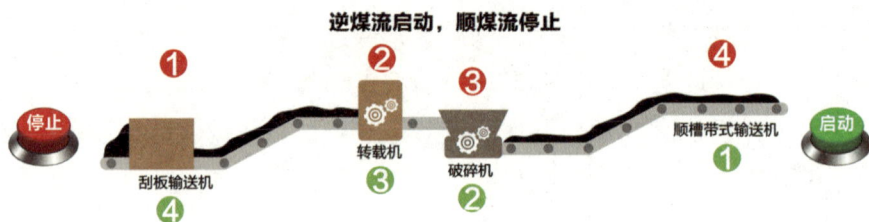

逆煤流启动，顺煤流停止

图 2-18　工作面启动和停机顺序

当输煤设备上的煤炭太多时，会造成刮板输送机被压死的设备故障。这个问题如何解决？

输煤系统主要是依靠电机来驱动的，如果将输煤负荷参数及时报送给割煤系统后，就可根据负荷多少来调节采煤机割煤速度，杜绝发生运煤量过多等设备故障。即当刮板输送机负荷较大时，可自动降低采煤机割煤速度，减少刮板输送机上的装煤量；反之，当刮板输送机上的负荷较小时，可自动增加采煤机割煤速度，提高刮板输送机上的装煤量；从而使刮板输送机始终保持具备均匀的较大煤量。这是智能化无人开采工作面拥有的智慧大脑的又一贡献。

因此，刮板输送机（图2-19和图2-20）躺在工作面上就能自动拉煤，并可转弯爬坡，不停地把煤运送到巷道，再通过其他

图 2-19　刮板运输机

运煤设备接力运输，就可传送到地面封闭煤仓。使得煤矿产煤不见煤，煤矿像个绿色大花园。

刮板输送机这个设备非常关键。井下工作面的刮板输送机，上面不仅有采煤机，还和液压支架紧密相连，也就是说井下"三大机"是一个联动系统。同时，刮板输送机的技术进步及其运力提升也经过了漫长的历程，见图 2-21。

图 2-20　井下刮板输送机拉煤示意图

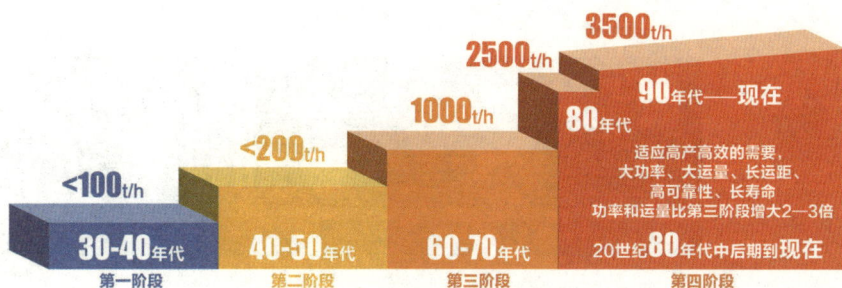

图 2-21　井下刮板输送机发展阶段和运力提升示意图

经过前述介绍，我们可以把智能化无人开采的技术装备体系比喻成一个开采机器人。这样，我们来看看液压支架、采煤机、刮板输送机、供电供液系统各自是什么角色。

液压支架如同机器人的"腿"，在采煤机连续开采作业中通过这条"腿""连拉带拽"将刮板输送机及其采煤机不断迁移到新的采场，在这个过程中，百十架的液压支架就像一只只螃蟹的百十条腿在工作面横向移动着。而采煤机是这个开采机器人的"手臂"，通过精准定位采煤机摇臂高度，可以控制这只"手臂"连续转动采煤滚筒破煤、割煤。而刮板输送机是这个采煤机器人平卧的"躯干"，承担着运煤职能。采煤工作面供电供液系统的泵站像采煤机器人不停跳动的心脏，供电、供液实则为采煤机器人提供不断流动着的"血液"；监控中心的计算机就是这个采煤机器人的智慧"大脑"；通信网络系统及其各种传感器就像采煤机器人大脑上的诸多神经元；在工作面系统安装的各种视频系统、语音系统更像是采煤机器人的"千里眼"和"顺风耳"。

这个机器人就像一个变形金刚一样，一会儿躺下，一会儿站立，一会儿爬行，不停地变换身姿，如图 2-22 所示。

图 2-22　智能化开采机器人抽象表示图

科技真是可以突破想象啊！

是啊，大家都知道航天领域有很多高科技，比如探月计划、发射通信卫星等。其实煤炭的地下开采同样具备很多高科技。没有高科技的支撑，煤炭智能化无人开采只能是一句空话。

第三篇

"白领"矿工的新时代

New Age of White-collar Miners

第三篇 "白领"矿工的新时代

小火龙，实现了智能化无人开采，最高兴的一定是矿工兄弟。

那当然。智能化无人开采是煤炭行业的革命性进步，由此开启了"白领"矿工新时代！

一、安全保障程度高

著名的采矿学家钱鸣高院士说过"上天不易，入地更难"。要在地下几百米深处（目前最深的煤矿已达千米以上）采掘出煤炭十分不易。虽然煤炭开采技术取得空前进步，但真正实现安全绿色开采，还面临一系列地质灾害的严峻挑战，尤其是向深部开采之后。

井工煤矿常见的灾害是水、火、瓦斯和煤尘爆炸，还有顶板冒落等灾害。具体见图 3-1、图 3-2。

过去，煤矿安全生产事故频发，每年都有大量事故发生。而今，煤矿安全生产形势已经实现持续稳定好转。这里，仅拿煤矿百万吨死亡率这一数据来进行说明。

瓦斯爆炸　　　　　矿井透水　　　　　矿井火灾

图 3-1　井工煤矿瓦斯、水、火灾难示意

高温
火焰温度达 1600～1900℃。煤尘爆炸时释放出的热量，可使爆炸时产生的气体产物加热到 2300～2500℃。

煤尘爆炸

有害气体
产生 2%～4% 的 CO，有时甚至高达 8%～10%，这是矿工大量中毒伤亡的主要原因。

高压
压力为 750kPa，在大量沉积煤尘的巷道中，爆炸压力将随着爆炸源距离的增加而跳跃式增加。

冲击波
传播速度可达 2340m/s。

图 3-2　煤尘爆炸的危害

在改革开放元年 1978 年,原煤产量才 6.18 亿吨,但煤矿百万吨死亡率曾高达 9.44,全年死亡矿工 5680 人。改革开放 40 年来,煤炭行业坚持科技兴煤、科技兴安战略,使得我国煤矿安全生产形势得到持续稳定好转。2009 年,我国煤炭总产量已从 2000 年的 9.5 亿吨上升至 2009 年的 30.5 亿吨,煤炭产量增加了 21 亿吨,但 2009 年全国煤矿百万吨死亡率却从 2000 年的 5.77 降为 0.892!这是历史上煤矿百万吨死亡率首次降到 1 以下,具有里程碑式的意义。2017 年在煤炭产量增加、市场需求旺盛的情况下,全国煤矿事故又在事故总量、重特大事故、百万吨死亡率上取得"三个明显下降",原煤产量为 34.45 亿吨,而百万吨死亡率为 0.106,正在向世界先进水平挺进。见图 3-3。

目前,全国煤矿,特别是大型煤矿,机械化程度已经达到 95%。小煤矿具备条件的,也在千方百计地推行机械化。今后由综合机械化发展到智能化无人开采工作面后,将进一步提高煤矿本质安全水平。

图 3-3 1978 — 2017 年煤矿安全情况对比

正是煤炭开采技术的不断进步，综合机械化采煤工艺的普遍应用，才使得煤矿安全生产取得划时代的巨大进步。

历史和事实证明，保障煤矿安全生产的根本要靠科技进步。如果全国 80% 的煤矿都建成智能化无人开采工作面（图 3-4），采煤司机不用现场操控采煤机，而是远在安全洁净的地面监控室智能操作，煤矿安全生产的形势就会实现根本好转，煤矿也将成为安全的作业场所。

图 3-4 智能无人化采煤工作面

同时，实现智能化无人开采后，煤矿工人的职业健康水平得以大大提高。地面采煤将使矿工中患矽肺病的比例大大下降，他们再也不用在采煤工作面戴着令人难受的厚厚的防尘口罩了。

另外，目前我国煤炭科研工作者在研发"有人巡检，无人值守"智能化无人开采技术的同时，还开发出工作面巡视人员的安全保障技术。这样，今后工作面巡检人员的安全也有了保障。

煤矿安全是煤矿天字号的大事儿。自从煤矿持续推进机械化以来，煤矿安全生产形势实现了持续稳定好转。如果所有井工煤矿都实现了井下智能化无人开采，煤矿安全生产形势将得到根本好转。

二、工作生活条件好

实现综采工作面智能化无人开采技术后，井下采煤工已华丽转身为"白领"矿工。他们脱离了危险恶劣的工作环境，舒适地坐在宽敞明亮的地面监控中心的操作台前,手握鼠标、看着大屏幕就可以进行采煤作业(图3-5)。从此,采煤机的操作、工作面液压支架的移挪、输送机的运转都可任由他们潇洒地远程控制,而采煤工作面的煤灰、粉尘已彻底与他们无关了。由此,矿工的生产工作环境条件发生了翻天覆地的改变。"煤黑子"的称谓将彻底成为历史!

图3-5 矿工工作环境今昔对比示意图

而在生活条件上,20世纪七八十年代,煤矿工人的生活条件比起其他产业工人还是差很多。那个时候虽然洗浴条件还可以,但很多矿工,尤其是进城务工人员都住在低矮的工棚中,阴暗潮湿。图3-6为抚顺矿工的工棚。到了20世纪90年代,一些先进的煤炭企业开始对矿工的生活条件进行改善,比如修建更好的洗浴设施、建造新住宅、进行房屋改造等。进入21世纪,国家开始对矿区进行大面积的棚户区改造,矿工群体基本上都迁居到了宽敞明亮的楼房中,如图3-7所示。

图 3-6　煤都抚顺矿工们居住的工棚　　图 3-7　大同煤矿集团棚户区改造后的恒安新区

在膳食方面，现在几乎每个煤矿都有职工食堂，每天都有几十种菜可选，鸡鸭鱼肉、各种新鲜蔬菜、大米白面等各种主食应有尽有（图3-8），大家可以根据自己的口味任意挑选。单身矿工住的都是公寓大楼，2个人1个房间，并配有专职人员搞清洁维护，就像住酒店一样（图3-9），离家远的每月还有几次回家探视的假期。矿上都有小卖部，生活必需品随时都可以买到。

图 3-8　煤矿职工食堂　　　　　图 3-9　煤矿大学生公寓（张瑞晨 摄）

过去的矿工没有休息日，能上井见见太阳都成为奢望。而现在很多智能化无人开采的煤矿已取消夜班生产，并且有周末和节假日休息。如山东的滨湖煤矿在实施智能化无人开采技术之后已经取消了夜班生产，星期天集体休息，煤矿工人也可以在星期天陪着家人一起度周末了。

> 不仅如此，能到智能化煤矿工作的工人得很有文化才行哩，否则他就不会很多高科技的操作！

> 取消夜班？这绝对是历史性的改变啊！

三、煤矿科技含量高

过去人力采煤阶段，煤炭生产完全靠矿工的手拉肩扛。到了机械化采煤阶段，可依靠矿工操作机械设备来完成采煤作业，这虽然降低了劳动强度，但还是离不开人。而发展到了综采智能化无人开采工作面阶段，通过智能传感器就可感知采煤设备、支护设备和运输设备的现场运行环境和设备工况，并依靠智能化控制系统实现工作面运行设备的智能化控制。这是煤炭行业在大数据时代的智能跨越。

59

通过大数据分析，可对百米甚至千米煤矿工作面的生产、工艺、设备、运行状况等进行综合分析；进而构建出井下采煤生产的故障诊断系统、安全保障系统。这些系统中的相关信息会被及时推送到监控中心，以便操作人员进行科学决策。由此矿工井下的高强度体力劳动现在变成了体面的键盘操作。

由于要操控智能化的井下无人开采工作面，操作人员必须具备很高的科技素质。这些"白领矿工"不仅需要掌握基本的采煤专业知识，还要熟练运用当今最先进的大数据、工业云等信息化技术，这样才能根据采煤工作面人、机、环、管等多方面因素，不断优化无人开采控制模型来进行采煤生产的科学决策和智能控制。

因此，智能化无人开采工作面的建设，不仅改善了矿工的工作环境，减少了职业危害，提高了安全生产水平，还激发了广大采煤工人学习新技术、掌握新本领的如火热情。

要成为一个熟练的智能化无人开采工作面的键盘操作工，需要学习哪些知识呢？首先要学习一些基本的信息处理及其监测监控技术；其次要学习并弄懂、弄通综采成套装备信息感知、信息传输、动态决策、协调执行、高可靠性等关键技术；再次还要学习掘进、支护、运输同步运行、连续作业等技术知识，并要掌握一般故障处理的本领，等等。如果一个连初中都没毕业的人今天想到智能化无人开采工作面来工作，是根本不能胜任的。员工经岗前培训（图3-10）后，才能地面操控采煤（图3-11）。

智能化无人开采工作面的建成也提高了煤矿的科学化管理水平。由于智能化的远程干预、超前预控管理完全可以代替过去依托人的现场管理方式，而技术的推广应用又催生了一支业务技能素质高的新生代职工队伍，使得煤矿工人的自豪感提升了，生产任务也在安全系数更大的环境下轻松完成。

图 3-10 黄陵矿业公司一号煤矿
智能开采岗前培训

图 3-11 黄陵矿业公司二号煤矿采煤
工坐在办公室内就能采煤

采用智能无人化开采后，通过设备智能化、自适应，可最大限度地发挥煤矿的生产潜能，同时能够及时发现煤矿影响生产效能的短板，通过调整设备的配套能力和不断优化自动化能力，提升煤矿生产装备的整体效能。

从图 3-12 中，可以看到几个典型的实现智能化无人开采的煤矿工效提高情况。

四、一线工人的真实感受

从智能化无人开采工作面在矿区落地生根到运行的逐渐常态化，这一技术成果的成功应用，为煤炭行业生产一线的职工带来了实实在在的利好。下面是黄陵矿业公司一号煤矿职工在建成智能化无人开采工作面后的一些真实感受。

"'有人巡视，无人值守'绝不是一句口号，而是翻天覆地的变化。我是液压支架工王军，802 中厚煤层智能化工作面采用智能化的电液控制系统后，彻底颠覆了过去的工作方式，原来 5 人才能完成的作业现在 1 个

黄陵矿业一号煤矿

年产400万吨
年产200万吨

2014年　2015年

9人联合操作 → 减至1人巡视

24人单体支护 → 减至12人遥控操作

工效可达**149**吨/工

大同煤矿集团同忻煤矿

采出率达到 **85%**以上

生产能耗降低 **5%**以上

瓦斯、煤尘及自然发火防治均可实现安全可控

每班20人 → 每班不到10人

生产效率提升了**50%**

山东能源枣庄矿业（集团）滨湖煤矿

2名煤机司机
6名支架工
↓
1人远程操控
2人工作面巡视

仅需**60**名职工
减少岗位工**67**余人
压缩了**50%**以上

回采工效达每工**48**吨以上

人均工效增幅**195%**

阳煤集团新元公司

人数
165人 减员71人 94人

工效
54.704吨/工
提高了**22.633**吨/工
提高幅度**70.57%**
32.071吨/工

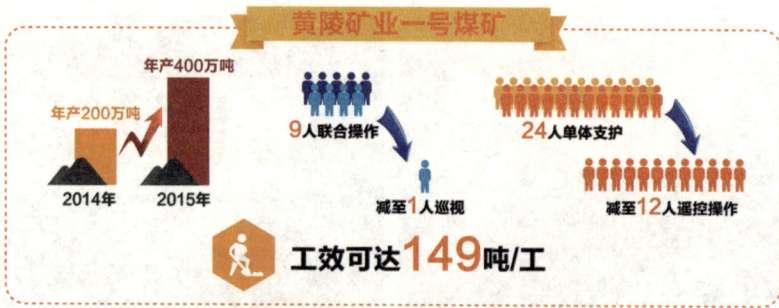

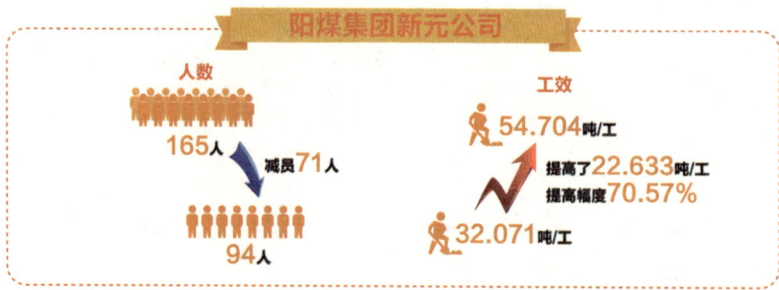

图 3-12　几个实现智能化无人开采的煤矿提高生产效率的主要成绩

人就可以完成。通过远程干预作业、自动跟机作业，我们再也不用像过去那样来往穿梭和人工操作了，劳动强度大大减轻，工作效率大大提升"。

采煤机司机严后水谈到智能化为自己带来的改变时，激动地说："进入这个行业，谁能想到穿着干净的西装在地面就能远程操控采煤机实现煤炭开采呢？可我现在享受的就是这种待遇，不仅我们的工作安全保证了，还成为体面采煤的'白领'工人！"

有一天，地面监控室人员发现采煤生产过程中的一个带式输送机机头变频器突然启动不了，叫来电气维修工焦飞。他并没有慌张，而是通过智能控制系统查看了故障记录，迅速判定是通讯故障，在对症处理后，变频器迅速启动。快速查找故障点，也成为智能化无人开采的一大功效。

随着智能化无人开采工作面的推广应用，上述惊喜将逐渐成为常态。

第四篇
第一个连续作业无人采煤工作面诞生记

Introduction to the First Unmanned Continuous Working Coal Face

第四篇　第一个连续作业无人采煤
工作面诞生记

小精灵，现在给你讲讲我国第一个连续开采作业的智能化无人开采工作面是怎么诞生的。

好啊，我也正想知道呢。

　　陕西省延安市是革命圣地，而黄陵县也是一个令人向往的人文历史旅游胜地。大家都知道，在五千年悠悠中华历史中，黄帝是原始社会末期一位英明无比的部落联盟领袖，是华夏文明的开创者和奠基者，他和炎帝齐称为华夏之祖，我们也都自称为炎黄子孙。

　　据司马迁《史记·五帝本纪》载："黄帝崩，葬桥山"，这是史学界的权威性结论。华夏儿女一年一度总是集聚黄陵扫墓祭祖。同时，桥山黄帝陵还世称"天下第一陵"（图4-1）。这里不仅流传着黄帝驭龙升天——

黄帝

秦贅两仪
创兴百制德满寰生萃液禹世

"桥山龙驭"的古老神话，就地理形势看，人们还把桥山看作龙脉龙岗。于是，围绕着黄帝陵又形成了颇具特色的与陵墓环境相关的地方风物传说群。如关于黄帝黄城的传说、金鸡的传说、凤凰的传说、聚宝盆的传说等等，这些都成为陕西黄帝传说故事中最有地方特色的一部分。

而坐落在这人杰地灵黄陵县的黄陵矿业公司，也勇当创新先锋，成为全球第一个连续远程操控智能化无人开采工作面的缔造者。

图4-1　中华始祖黄帝画像和黄帝陵照片

一、明知山有虎　偏向虎山行

黄陵矿业公司始建于 1989 年，是陕西煤业化工集团下属的大型现代化骨干企业。公司现有 4 对矿井，核定产能 1550 万吨，其中一号煤矿年产 600 万吨，二号煤矿年产 800 万吨，双龙煤矿年产 90 万吨，瑞能煤矿年产 60 万吨。黄陵矿区煤炭储量丰富、煤质优良，煤田总面积 549 平方公里，地质储量 13.4 亿吨，可开采储量 9.6 亿吨。煤层赋存稳定，但厚度变化较大；煤油气共生，开采技术条件复杂，其中 3 对矿井为高瓦斯矿井。

黄陵矿区的煤种为低磷、低灰、低硫、高发热量的 1/2 中粘煤、弱粘煤和气煤，是国内少有的符合环保标准要求的配焦煤、气化原料煤和优质动力煤。但煤田中薄煤层储量较大，如一号煤矿矿井可采储量 3.47 亿吨，其中 0.8 ~ 1.3 米的煤层就占总储量的 35%；同时，还具有瓦斯、水、火、煤尘、顶板等灾害特征。

大家知道煤层厚度为 0.8 米是什么概念吗？就是在即使实施了综合机械化采煤的情况下，矿工们在工作面进行采煤机跟机作业时，还要弯着腰，高个子的甚至要跪在底板上。矿工不仅劳动强度大，还要忍受工作面煤尘、噪声等职业危害。

在国外，小于 1 米的煤层就弃之不采了，国内有的煤矿遇到这种情况也会丢弃这部分煤。但黄陵矿业公司领导一班人，没有"挑肥拣瘦"和"采厚丢薄"。他们为了矿井的可持续发展，为了不浪费宝贵的煤炭资源，提高煤炭采出率，决定实施"薄厚"搭配开采方案。

怎样才能不让煤矿工人太辛苦，就能顺利地把煤从薄煤层中采出来呢？黄陵矿业公司开始考察各种采煤技术和设备。考察中，他们了解到我国部分煤矿已经实现综采自动化，并且有的还在实施智能化远程控制以实现工作面不用人的目标，但效果都不理想，没有做到真正意义上的连续生产作业。实现井下数百米深处这么多采煤相关设备的远程地面智能控制，不仅需要先进的自动化智能化控制技术，还需要各系统、各环节的有机配合，这将考验着煤矿整体的技术管理水平、创新团队的协同配合能力，以及各个步骤操作的严谨性等等。

图4-2 应用和研发双方热谈

黄陵矿业公司明知山有虎偏向虎山行。因为始终坚持创新引领的公司领导班子已经认定智能化无人开采是今后井工煤矿的发展方向。

于是，他们开展了广泛的调研。不仅在进行智能化无人开采测试的煤矿考察，还奔赴掌握无人开采远程控制领域核心技术的中煤科工集团天地玛珂电液控制系统有限公司（以下简称"天玛公司"）调研。

在和天玛公司的探讨中，由于志向相投，谈得既融洽又兴奋（图4-2）。尽快实现"薄煤层采煤工作面不用人"的革命性设想始终升腾在他们的脑海。这一次，他们一谈就谈了3个多小时！

智能化无人开采说起来非常美好，但要真正实现非常困难，当时在世界范围内还没有连续智能化无人开采的先例。现代综合机械化开采的体系纷繁复杂，每个与采煤相关的设备都要在远离工作面的控制中心实现自动控制，当时真有点儿像"痴人说梦"。

　　而黄陵矿业公司一班人为什么这么有魄力？首先，他们领导班子能统一认识，认准智能开采是煤炭工业的发展方向；其次，天玛公司国际一流的智能化控制技术让他们在技术上有底气；再次他们还具备一支创新力强、敢打硬仗的人才队伍。尤其是，黄陵矿区自1989年成立以来，始终坚持创新驱动发展战略，一直进行各种产学研联合科技攻关，是全国煤炭开采创新技术的"试验田"。当时在现代综合机械化采煤技术的发展上，他们一直努力探索技术升级。

　　同时，陕西煤业化工集团公司集团层面也非常重视黄陵矿业公司的技术创新活动。早在2012年10月12日，集团就批准成立"煤炭绿色安全高效开采工程研究中心黄陵中心"，使得他们在进行智能化无人开采创新研发上具备很好的基础。

　　因此，黄陵矿业公司咬定青山不放松，在确定目标后，他们马上启动了智能化无人开采的科技攻关项目。其中关键的综采智能化开采系统及其关键控制系统，由天玛公司负责研发制造；其他主要技术装备由西安煤机厂、平阳重工等制造厂家来完成。这些企业都是国内一流的知名科研机构和装备制造企业，有了他们和企业一起联合攻关，让黄陵人增强了项目成功的必胜信心。

二、煤炭开采智能控制的王牌军

　　天玛公司是全球煤炭行业知名的高新技术企业，专业从事液压支架电液控制系统、智能集成供液系统、综采自动化控制系统等技术和装备的研发、制造业务，目前是世界上最大的电液控制系统提供商，是煤矿智能化无人开采控制技术的引领者。

2008 年底，天玛公司打破了国外在液压支架电液控制系统的长期垄断，研发成功了具有完全自主知识产权的 SAC 型液压支架电液控制系统，并很快投入工业应用，实现了对进口产品的成功替代。2012 年，天玛公司就已通过自身的不断努力，形成液压支架电液控制系统市场国产产品主导的局面。

但天玛公司没有在成绩面前止步，而是着眼长远，开始研发更高水平的智能化无人开采工作面使用的成套远程控制技术与装备。从 2011 年开始，天玛公司承担了国家战略性新兴产业智能制造装备发展专项"煤炭综采成套装备智能系统"，后来又承担了多个国家和地方重大项目（图 4-3）。

国家863项目
"综采智能控制技术和装备"

国家重点研发计划
"煤矿智能开采安全技术与装备研发"

"千万吨级特厚煤层智能化
综放开采关键技术及示范"

山西省煤基重点攻关项目
"薄煤层智能化综采关键技术与装备开发"

天玛公司

图 4-3　一流智能开采研发制造企业的实力

当黄陵矿业公司和天玛公司谈具体的合作时，可以说是一拍即合。不仅因为"引领煤矿自动化科技，促进安全、高效、绿色开采"是天玛公司赋予自身的崇高使命，而且当时他们就已攻克了很多综采工作面智能控制关键技术，研制出了适合薄煤层综采工作面智能化成套装备及其控制系统，并正在相关煤矿进行试运行。所以天玛公司成为黄陵矿业公司实施智能化无人开采技术重要的科研依托。

就这样，一个是坚持创新战略咬定青山不放松的应用方，一个是煤炭开采智能控制领域的王牌军，他们沿着共同的目标，悉心配合，来圆"地面采煤之梦"。

三、联合攻关 美梦成真

智能化无人综采工作面技术体系的研发十分复杂，涉及摄像视频音频、井下通讯、数据传输、煤岩界面识别、采煤机位置监测等多项技术，并需要在各项技术基础上集成、创新。其中，"煤岩界面识别"作为实现无人开采的一项关键技术，也是业界迟迟无法攻克的一道难题。

■ 确定主攻方向

黄陵矿业公司和天玛公司双方的科技攻关人员经过反复探讨，决定避开传统"煤岩识别"等世界性难题，另辟蹊径。最终，他们确立的主攻方向为：以网络通信为基础，以采煤机记忆截割、液压支架自动跟机、远程集中控制、视频监控为手段，来实现工作面"采煤机记忆截割 + 可视化远程干预型"的智能化无人开采目标。

同时采取了两步走的策略，第一步是实现遥控干预式智能无人开采，操作人员在顺槽监控中心远程遥控干预设备智能运行，工作面落煤区域无人操作；第二步是在地面远程操控，实现自适应智能化无人开采，采煤机、液压支架等设备自适应智能运行，就像飞机和汽车进入自动驾驶状态一样。

这样，就要攻克 7 个关键技术难题：一是液压支架自动跟机与远程人工干预技术，二是采煤机记忆截割与远程人工干预技术，三是工作面视频监控技术，四是综采自动化集中控制技术，五是智能化集成供液控制技术，六是超前支护自动控制技术，七是工作面自动找直技术。这些难题大都是前所未有的创新突破性技术，从这些难题的名称上就可看出，要攻克这些技术有多么困难！但黄陵矿业公司一班人从容面对，立志要啃下这块硬骨头。

■ 挑选创新团队成员

智能化无人开采是一项系统工程，离不开机械化、自动化、信息化技术的广泛应用，需要规范化、精细化管理的支撑。在这些方面，黄陵矿业公司有很好的基础。但一支素质高、执行力强的职工队伍更为关键。

2012年下半年，经过多方考察，黄陵矿业公司决定将一号煤矿1001工作面确定为薄煤层无人开采试验基地。为了确保科技攻关成功，他们举公司之力，精心挑选出能胜任该项科技创新的团队成员（图4-4）。

图4-4　敢打硬仗的创新团队成员（张灏　摄）

由于当时国内并没有成功实现智能化连续作业无人开采的案例，黄陵矿业公司的很多干部职工对于自主研发智能化无人开采技术都有些犹豫。有些干部存在抵触情绪，比如有的人提出，目前企业效益比较好，没必要冒这个险；有的职工认为，智能化无人开采之后有可能面临着下岗的问题，试验过程中不出煤收入可能会降低，等等。对此，公司加大了对一号煤矿的政策倾斜，做出不降低职工收入、加强员工培训等承诺，消除了职工们的顾虑，为顺利开展智能化无人开采技术应用扫清了思想障碍。有了思想保证，他们就沿着已确立的主攻方向，有条不紊地实施。

该系统以实现综采工作面常态化无人作业为目标，以采煤机记忆截割、液压支架自动跟机及可视化远程监控为基础，以生产系统智能化控制为核心，先实现第一步在顺槽巷道监控中心智能化无人开采控制，然后再实现第二步在地面监控中心进行远程控制的无人采煤目标。同时，还要确保工作面割煤、推溜、移架等作业智能化运行，从而最终达到智能化连续、安全、高效无人开采的目标。

■ 安装调试　排除万难

有了技术工艺，还要制造相关的仪器仪表和各种设备。创新团队联合相关设备生产厂家对实现智能化无人开采的设备、器材等进行了一系列的研发制造。并和设备厂家一起对这些装备进行安装调试。

在设备安装调试期间，设备厂家一位技术人员问一号煤矿的带班领导："目前全国还没有哪个煤矿真正实现了无人开采的连续作业，困难相当多，这些设备的功能验证就很难，你们能够坚持到底吗？"对此，这位带班领导明确表示，他们研发智能化无人开采并不是作秀，已经做好迎接各种挑战的准备，因为企业已经认定煤矿智能化无人开采是今后井工煤矿的发展方向。这个回答打消了这位技术人员的疑虑，并同时也有效传递给了相关设备厂家。所以相关各方进一步增强了团结一心攻克难关的信心。

但世界上没有随随便便的成功。设备安装调试期间，问题一个接着一个出现，像一个个拦路虎考验着黄陵矿业人推进智能化无人开采技术的耐心和信心。攻关队伍成员已忘记了白天和夜晚的区别，不停地认真分析故障、寻找解决问题的办法。天玛公司也同他们一起成功地破解了攻关进程中的许多难题。同时，他们融洽地与相关各方合作，集思广益，果断决策，在数不清的一次次调试中，解决了一个个接踵而至的问题，大大提高了攻坚克难的效率（图4-5）。

为了确保智能化无人开采技术的顺利推广应用，很多干部职工几乎放弃了所有的节假日，坚守在岗位上。试验期间，黄陵矿业公司的领导和一号煤矿的矿领导更是带领煤矿机电技术专家和技术骨干，长期深入井下现场，研究解决试验中遇到的各类问题，并将1001工作面作为领导每次跟班带班必去的一个点。

图4-5 设备安装调试（张灏 摄）

■ **美梦成真**

2013年下半年，智能化无人开采技术在一号煤矿进入正式实施阶段。功夫不负有心人，通过联合攻关小组两年多的日夜奋战，一个个难题被攻克，智能化无人开采工作面建设取得重大突破。2014 年 4 月，黄陵矿业公司一号煤矿 1001 工作面成功通过地面控制中心远程干预的方式首次实现了无人化开采，只需两名操作员就能完成整个工作面的启、停控制和自动化割煤，并创造了连续 3 个工作循环采场无人操控值守的纪录。至此，几代煤矿人在地面采煤的梦想得以成真（视频 3 "美梦成真"）！

视频 3　美梦成真

　　17 天之后，这一项目顺利通过中国煤炭工业协会组织的科技成果鉴定。与会专家一致认为，黄陵矿业公司一号煤矿实施的"较薄煤层国产装备采场无人化技术研究与应用"科技创新项目，在国内率先实现了地面远程操控采煤，填补了我国煤矿综采工作面连续作业智能化无人开采的空白，整体技术已达到国际领先水平，为建设本质安全型矿井和现代化煤矿企业探索出一条新路。

　　2015 年 11 月 24 日，原国家安全生产监督管理总局批准在黄陵矿业公司设立"煤矿智能化开采技术创新中心"，2016 年 5 月，举行了隆重的揭牌仪式（图 4-6）。

图 4-6　中国科学院院士宋振骐（左）为煤矿智能化开采技术创新中心揭牌

　　成绩面前，黄陵矿业公司并没有止步不前。他们在成功运用智能化无人开采技术，实现采场"无人则安"的基础上，进一步推进"值守岗位远程控制"工作，全面提升矿井智能化水平。同时，他们积极与设备厂家合作，引进新技术，利用一号煤矿的工业环网将主运输胶带、主供电设备、主排水泵、主通风机和选煤厂主要设备的控制系统接入地面控制指挥中心，并协同软件方开发实施仿真控制系统，从而实现煤矿整体地面、井下双重"远程集中控制、现场无人值守"的目的，进一步提升煤矿整体智能化水平。

　　此外，黄陵矿业公司目前在中厚煤层也成功建设了有人巡视无人值守的智能化无人开采工作面。智能煤矿建设已全面展开。

小精灵，这回你知道了吧？煤矿的科技含量是很高的，因为煤炭工业一直在与世界工业革命共同进步，随着科技创新的深入发展，煤矿智能开采的明天将更加美好！

好感动，实现智能化无人采煤确实很不容易！向那些不畏艰难险阻、勇于科技攻关的人们致敬！

结语

煤炭智能开采的美好明天

一、与工业革命同步的煤炭工业

人类的第一次工业革命起源于煤炭的开采利用。所以，是煤炭带领人类走进工业化时代。两个多世纪过去了，我国煤炭工业的科技进步始终与人类工业革命同步，经历了从跟踪、模仿到部分领域并跑、领跑的转变。

2013 年德国首次提出工业 4.0，将物联网及服务引入制造业，2015 年我国国务院正式印发"中国制造 2025"计划，开始掀起一股"互联网＋制造"热潮，直接加快了中国传统工业制造向智能制造转型的步伐。"中国制造 2025"的发展战略，以推进智能制造为主攻方向，目标是实现我国制造业由大变强的跨越。

在进入工业 2.0、工业 3.0，挺近工业 4.0 的进程中，传统的煤炭工业合着时代进步的节拍，也进入煤矿自动化、数字化、智能化建设的新时代，见图 1。煤矿自动化是实现煤矿信息化的基础，煤矿的信息化、数字化又是实现煤矿智能化的必要条件，而煤矿智能化是实现煤矿开采无人化的必要手段。目前全国煤炭系统已有 40 多个煤矿建成 70 多个"有人巡视，无人值守"智能化开采工作面。

数字化矿山是煤矿信息化的更加高级的一种表现形式和表现手段，它实现了设备与设备、设备与环境、设备与工艺之间的相互耦合，实现了工业现场的闭环自适应控制。我国在"十一五"到"十三五"期间，逐步攻克煤矿信息化、井下设备感知、可视化等种种难关，在一些"两

图1 煤炭工业的发展与工业时代进程对应示意图

化融合"先进企业初步实现了工作面可视化远程遥控，并由局部到整体，逐步构建起综采工作面的数字化。

　　数字矿山不仅能最大限度挖掘和发挥矿山数据的潜能和作用，还能贯穿于矿山规划、生产、经营和管理的全过程，以保障矿山的科学决策和现代管理，从而达到提高整体经济效益和市场竞争力的目的。

二、如火如荼的智慧矿山建设

　　智慧矿山是在数字矿山的基础上，通过人工智能技术，构建基于生产过程的智能化控制系统。它可实现对生产、职业健康与安全、技术和后勤保障等进行主动感知、自动分析、快速处理。智慧矿山的本质是安全矿山、高效矿山、清洁矿山，矿山的数字化、信息化是智慧矿山建设的前提和基础。智慧矿山系统主要包括安全系统、智慧技术与后勤保障系统。

　　煤矿智能化无人开采是智慧矿山中智慧生产系统的主要研究内容。

它从智慧矿山建设的视角进行无人开采工作面技术的研究，主要包括生产煤矿工作面职工的职业健康与环境安全，包含了环境、防火、防水、防尘、矿压监控、人员监控、视频监控、应急救援等多个方面。

智慧矿山还将生产与后勤保障系统进行智能互联互动，将矿山的ERP系统、办公自动化系统、物流系统、生活管理、考勤系统等与生产系统进行有效融合，如将生产装备的使用寿命与配件管理相结合。"无人"是智慧矿山的最高形式，综采工作面智能化无人开采是在对智慧机器人和智慧设备的操作下完成的，可做到点、线、面、时间四维空间的完美结合。

目前，煤炭行业智慧矿山建设正如火如荼地进行着。

国家能源集团煤炭板块的智慧矿山建设成果丰硕。目前，在神东矿区，世界首套8.8米超大采高智能工作面、国内首个数字矿山示范矿井和世界首个智能煤矿地面区域控制指挥中心已建成投运。该矿区互联网、大数据、人工智能等先进技术深度融合的成果随处可见。他们已具备按岗位定制的智能工作平台，能够实现一键启停、无人值守的智能化无人开采；地面选煤厂、装车站已全部建成国际先进水平的综合自动化控制系统，并实现了远程控制、监测和故障诊断。其中，神东矿区锦界煤矿，通过自动化系统改造和IT基础设施等建设，已实现"有人巡检、无人值守"智能化割煤，日产原煤2.37万吨的工作面，只需1名采煤司机和1名支架工。

山东能源枣矿集团在智能开采领域一直走在行业前列。不仅在滨湖煤矿的薄煤层实现了智能化无人开采，还在付村煤矿6米大采高工作面实现了智能化无人开采。同时，他们在智慧矿山建设中，大力实施提升装备水平、优化生产系统、优化劳动组织"一提双优"科学管理模式，公司11对矿井陆续取消采煤夜班生产。其中滨湖煤矿从2018年9月1日起，全矿实现"取消夜班＋周日集休"，生产时间由三班变两班、7天变6天。由此，智慧矿山建设已引领枣矿集团迈入高质量发展的新时代。

大同煤矿集团同忻煤矿已建成智能化工作面。同忻煤矿是同煤集团所属的一座千万吨级现代化矿井，所开采的煤层属特厚煤层，厚度达到20多米。目前，他们已建成"有人巡视，无人值守"的智能化工作面，在400米深的地下2000米长、200米宽的采煤工作面里，安装了50多个摄像头、1500多个传感器，并可以将收集到的数据通过网络互联集成管理，实现了所有采煤设备的高效快捷指挥和自动精准控制。

兖矿集团东滩煤矿正在打造智慧矿山大格局。2018年9月，该矿升级改造的安全监控系统全新上线，增加了系统自诊断、异常数据分析传输、历史数据加密存储技术体系，以及激光甲烷传感器、无线甲烷传感器、多参数传感器等各类先进传感器，实现了安全监控、人员位置监测、应急广播、视频监控等多系统功能的融合。同时，他们已掌握600万吨工作面自动化割煤、移架、推溜等智能化无人开采技术，并建有云计算中心基础平台，为智慧矿山建设提供了可靠稳定的数据支撑。

其他正在建设智慧矿山的煤矿还有许多。现在可以想象，如果所有煤矿都华丽转身为智慧矿山，那么将彻底颠覆人们印象中传统煤矿的形象！

三、煤矿智能开采的美好明天

2016年中国工程院袁亮院士首次提出了"煤炭精准开采"的科学构想。其科学内涵是基于透明空间地球物理，以多物理场耦合、智能感知、智能控制、物联网、大数据、云计算这些信息作为技术支撑，具有风险判识、监控预警与处置功能等安全开采技术为支撑的智能无人安全开采。即将来的工作面是完全透明的。

透明工作面就是把整个工作面的地理信息、设备位置信息、运行状态等数字化，构建由点到线，再到空间场的工作面三维地质、地理信息模型、设备位置模型和三维坐标系，实现工作面由点到线、到空间场的基于生产设备、生产环境、生产工艺相融合的数字化透明系统，实现工作面生产过程的三维可视化监视监控，这也是数字矿山在综采工作面的深度应用。

　　智慧矿山建设中智能开采是重中之重。如果采煤工作面是透明精准可控的，就比现在的"有人巡视，无人值守"的形式更高一层，需要诸多地质探测技术、电子监控技术、传感技术等先进的信息技术、数字技术和电控设备的有机结合。

　　面对采深增加、地质灾害增加的深井煤矿开采挑战，中国工程院谢和平院士又提出了前瞻性"深部原位流态化开采"的理论。该理论有 12 项颠覆性技术，认为针对流态化开采扰动下深部岩体破裂结构、原位应力以及采动应力场 — 裂隙场 — 渗流场演化的特征，可以探索建立应力场、裂隙场和渗流场的可视化理论与定量表征方法，对深部煤炭原位流态化开采过程进行"透明推演"，达到预判、预警、预解的目标，彻底改变目前矿山开采作业模式，实现深地原位煤炭资源流态化的高效、智能与科学开采（图 2）。

　　随着人工智能技术的飞速发展和信息技术的不断进步，可以相信，在不远的未来建立完全透明可控的采煤工作面，以及实现深部矿井的原位流态化开采的梦想一定会实现！煤矿智能开采的明天一定会更加美好！

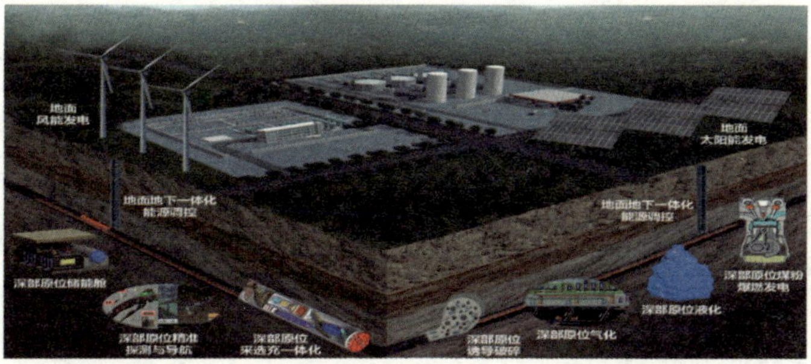

图 2　煤炭深部原位流态化开采构想示意图

参考文献

[1] 丁丽 . 民国时期开滦煤矿工人劳动与生活状况探析 [J]. 唐山师范学院学报 , 2015 , 37 （4）:1-5.

[2] 孙莹 . 民国时期淮南煤矿工人状况研究（1930—1949）[D]. 合肥 : 安徽大学 ,2017.

[3] 刘影， 施式亮 . 中国近代煤矿业发展历程及煤矿事故概况研究 [J]. 2009,5(1):95-98.

[4] 薛毅 . 从传统到现代 : 中国采煤方法与技术的演进 [J]. 湖北理工学院学报（人文社会科学版）， 2013,30(5):7-15.

[5] 于欢，武晓娟 . 能源口述史（六）： 50 年，终成煤炭智能化开采引领者——濮洪九忆我国煤炭综合机械化发展历程 [N]. 中国能源报，2017-09-04（5）.

[6] 张世洪 . 我国综采采煤机技术的创新研究 [J]. 煤炭学报 ,2010,35 (11):1898-1902.

[7] 张振安，赵恒国 . 普采工作面 1140V 供电的探讨与实践 [J]. 煤矿安全 ,1998 （2）:17-19.

[8] 范京道,王国法,张金虎 , 等 . 黄陵智能化无人工作面开采系统集成设计与实践 [J]. 煤炭工程 ,2016,48 （1）:84-87.

[9] 唐恩贤，王怀平 . 较薄煤层综采工作面无人化开采技术实践 [J]. 陕西煤炭 ,2014(6):42-44.

[10] 符大利. 基于数据分析的无人化工作面生产模式研究 [J]. 煤矿安全 ,2017,48(5):214-216.

[11] 徐建军. 煤矿智能化综采技术现状及展望 [J]. 陕西煤炭 ,2017(3):13,44-47.

[12] 张良 , 李首滨 , 牛剑峰 , 等. 基于视频巡检的采煤机自动控制和工作面自动找直的系统及方法 : 中国 ,ZL201810355631.3[P].2018-04-19.

[13] 张良 , 牛剑峰 , 赵文生. 综放工作面煤矸自动识别系统设计及应用 [J]. 工矿自动化 ,2014,40(9):121-124.

[14] 黄曾华. 可视远程干预无人化开采技术研究 [J]. 煤炭科学技术 ,2016,44(10):131-135,187.

[15] 李然 , 王伟. 综采集成供液系统智能监测诊断技术现状与发展 [J]. 煤炭科学技术 ,2016,44(3):91-95.

[16] 李昊 , 陈凯 , 张晞 , 等. 综采工作面虚拟现实监控系统设计 [J]. 工矿自动化 , 2016,42 (4) :15-18.

[17] 张守祥 , 李森 , 宋来亮. 基于惯性导航和里程仪的煤矿采掘设备定位 [J]. 工矿自动化 ,2018,44(5):53-57.

[18] 牛剑峰. 综采液压支架跟机自动化智能化控制系统研究 [J]. 煤炭科学技术 ,2016,43(12):85-91.

[19] 康淑云. 防治尘肺病关爱矿工健康 [J]. 当代矿工 ,2005(4): 24.

[20] 杨成龙. 构建煤矿安全绿色智能化生产新模式的探索研究 [J]. 神华科技 ,2018,16(5):7-9,25.

[21] 范京道 . 智能化无人综采技术 [M]. 北京: 煤炭工业出版社,2017.

[22] 王树民，徐会军，康淑云．神奇的煤炭 [M]．北京：煤炭工业出版社，2018.

[23] 谢和平．煤炭革命的战略与方向 [M]．北京：科学出版社，2018.